新工科建设之路·计算机类专业系列教材
OBE 应用型人才培养教学成果
计算机系统能力培养教学成果

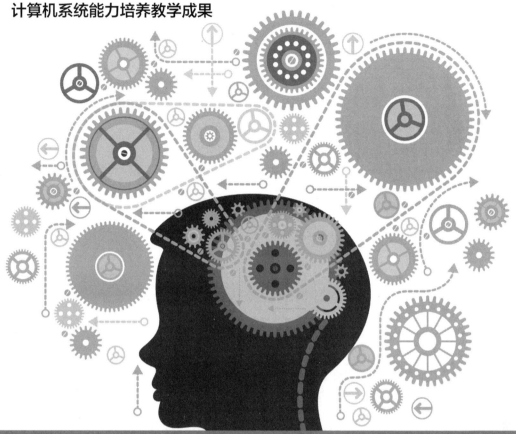

计算机系统应用教程

成 洁 ◎ 主编

电子工业出版社·
Publishing House of Electronics Industry
北京·BEIJING

内容简介

本书从数字电路与数字逻辑课程的组合逻辑、时序逻辑电路的设计开始，逐步构建计算机组成与体系结构及相关课程中的运算器、存储器和控制器，实现基于 MIPS 指令集的 CPU。

本书采用 Verilog HDL，以 Vivado 软件为 EDA 工具，在 Xilinx FPGA 平台上进行实验验证和设计，让读者掌握硬件功能的仿真与测试方法，具备计算机系统的设计能力。

全书共 5 章，包括：EDA 基础和龙芯中科 LS-CPU-EXB 实验系统介绍，数字逻辑与数字电路实践，计算机组成原理实践，计算机体系结构实践，计算机组成与体系结构实践。附录简单介绍了 Icarus Verilog 开发环境及使用、Verilog HDL 语法，给出了引脚对应关系表和部分 MIPS 指令。

本书可作为高等院校计算机类、电子信息类各专业的教材，也可供其他理工科专业选用或相关技术人员参考。

图书在版编目(CIP)数据

计算机系统应用教程 / 成洁主编. —北京：电子工业出版社，2021.9
ISBN 978-7-121-42023-8

Ⅰ．① 计… Ⅱ．① 成… Ⅲ．① 计算机应用－高等学校－教材 Ⅳ．① TP39

中国版本图书馆 CIP 数据核字（2021）第 187851 号

责任编辑：章海涛

印　　刷：三河市华成印务有限公司
装　　订：三河市华成印务有限公司
出版发行：电子工业出版社
　　　　　北京市海淀区万寿路 173 信箱邮编　100036
开　　本：787×1092　1/16　　印张：13.5　　字数：342 千字
版　　次：2021 年 9 月第 1 版
印　　次：2021 年 9 月第 1 次印刷
定　　价：45.00 元

凡所购买电子工业出版社图书有缺损问题，请向购买书店调换。若书店售缺，请与本社发行部联系，联系及邮购电话：(010) 88254888。

质量投诉请发邮件至 zlts@phei.com.cn，盗版侵权举报请发邮件至 dbqq@phei.com.cn。

本书咨询联系方式：192910558（qq 群）。

前　言

本书关注计算机系统能力培养的全过程，从数字逻辑与数字电路的组合逻辑、同步时序、数字系统的设计，到计算机组成与体系结构的运算器、存储器、控制器、CPU 的设计，从易到难，层层递进，环环相扣。实践安排贯穿了计算机硬件系列课程，紧扣计算机系统硬件重点问题，引导读者利用 Verilog HDL 进行计算机主要功能部件设计和整机系统构建，结合功能仿真与系统测试，全方位培养构造能力、系统能力和工程能力。

一、本书特色

（1）贯穿计算机硬件系列课程，全面培养计算机系统能力

针对新形势下的工程教育认证要求，本书以成果导向的 OBE 教育理念为指导，围绕计算机系统能力培养的目标，精心组织计算机硬件体系列课程实践。本书采用 Verilog HDL，以 Vivado 软件为 EDA 工具，在 Xilinx FPGA 平台上进行实验验证和设计。

本书从数据选择器、译码器、计数器、寄存器等逻辑电路的设计出发，到运算器、控制器和存储器等基本部件，再逐层递进到简单计算机系统的设计，可以帮助读者深入理解计算机硬件系统，掌握硬件功能的仿真与测试方法，具备计算机系统的设计能力。

（2）开放的课程平台，线上线下同步学

本书的实验配有微课视频，通过生动、直观的视频讲解，可以提高读者学习效率。作者开设了湖南省线上线下混合一流课程"计算机组成与体系结构"课程，方便读者在系统学习理论知识的同时，可以自主进行实践训练。授课教师可以根据不同课程的教学需要，对部分章节内容进行灵活取舍，可根据学生具体情况选择相应的实验内容。

本书为读者提供了丰富的教学资源，包括教案和项目源代码等，实验操作均采用视频演示，方便读者快速上手。

本书配套的中国大学 MOOC 在线课程链接如下：

http://www.i***163.org/learn/preview/XTU-1463206166?tid=1464015447#/learn/

（3）在线实训充满挑战性，硬件设计用编程实现

本书秉持硬件课程贯通实践的方案，从数字逻辑与数字电路的逻辑门设计到计算机组成与体系结构的 CPU 设计一脉相承。课程实训采用硬件描述语言进行设计，发布在头歌（Educoder）在线实训平台上，没有硬件的读者可以选择在线实训。每个实训都是一个实践任务，具有一定的挑战性，让读者利用 Verilog HDL 编程实现硬件设计。头歌实训平台简单易用，可实现自动评分，使硬件实验和评测都变得轻松快意。

本书配套的在线实训包括以下 2 个实训课程，链接如下。

① 数字逻辑与数字电路实训，用 Verilog HDL 玩转数字系统设计：

https://www.ed***er.net/paths/1027

② 计算机组成与设计实训——用 Verilog HDL 玩转计算机硬件系统设计：

https://www.ed***er.net/paths/431

（4）紧扣计算机系统能力比赛，系统梳理竞赛知识点

本书紧扣计算机系统能力各类比赛，对复杂繁多的竞赛知识进行了系统梳理，关注比赛评测标准，帮助参加计算机系统大赛的选手快速突破"计算机系统设计"的重点难点，非常适合作为计算机系统能力各类比赛的参考资料。

二、本书内容

第 1 章简单介绍电子设计自动化技术 EDA 和硬件描述语言 Verilog HDL，同时介绍 Xilinx FPGA 的开发工具 Vivado 的安装和使用方法，以及龙芯中科研制的计算机系统实验平台 LS-CPU-EXB 的硬件组成和电路结构。

第 2 章面向初学者，紧扣数字逻辑与数字电路课程内容，通过对数据选择器、译码器、计数器、移位寄存器等逻辑电路的设计，让读者深入理解基于 FPGA 的数字系统设计，为进一步掌握计算机系统的设计与开发方法奠定基础。

第 3～5 章紧扣计算机系统硬件重点问题，通过对运算器、存储器、控制器和 CPU 的设计，让读者掌握硬件功能的仿真与测试方法，具备计算机系统的设计能力。

三、致谢

在编写过程中，我们得到了湘潭大学计算机学院·网络空间安全学院领导、教师和实验技术人员的大力支持，以及湘潭大学教务处的关怀和鼓励。

教材的编写与实验室的建设和发展密切相关，感谢龙芯中科的工程师团队及李德国经理的大力支持和帮助。本书也参考了龙芯中科的相关资料和兄弟院校的理论教材、实验教材，我们在此一并表示感谢！

本书由成洁主编，周黎黎老师编写了第 1 章和附录 D，成洁老师编写了第 2 章、第 5 章和附录 E，王毅老师编写了第 3 章和附录 A～C，肖赤心老师编写了第 4 章，湘潭大学黎自强教授对本书进行了全面的审阅，并提出了宝贵的修改意见。在此谨向他们表示衷心的感谢！

由于时间仓促和编者的水平有限，同时因 FPGA 芯片和 EDA 软件的不断更新换代，书中难免存在一些疏漏和遗憾之处，敬请各位专家和广大读者批评指正！

本书为任课教师提供配套的教学资源，需要者可**登录华信教育资源网**（http://www.hxedu.com.cn），注册后免费**下载**。

作 者

目　录

第 1 章
EDA 基础和实验系统

1.1　EDA 简介

　　20 世纪 90 年代，国际上电子和计算机技术较为先进的国家，一直在积极探索新的电子电路设计方法，并在设计方法、工具等方面进行了彻底的变革，取得了巨大成功。在电子技术设计领域，PLD（Programmable Logic Device，可编程逻辑器件，如复杂可编程逻辑器件 CPLD、FPGA）已得到广泛应用，这些器件为数字系统的设计带来了极大的灵活性，通过软件编程对其硬件结构和工作方式进行重构，从而使得硬件的设计可以如同软件设计那样方便、快捷。这极大地改变了传统的数字系统设计方法、设计过程和设计观念，促进了 EDA（Electronics Design Automation，电子设计自动化）技术的迅速发展。

　　EDA 技术就是以计算机为工具，设计者在 EDA 软件平台上，用 HDL（Hardware Description Language，硬件描述语言）完成设计文件，然后由计算机自动地完成逻辑编译、化简、分割、综合、优化、布局、布线和仿真，直至对于特定目标芯片的适配编译、逻辑映射和编程下载等工作。EDA 技术极大地提高了电路设计的效率和可操作性，减轻了设计者的劳动强度。

　　常用的硬件描述语言主要有 Verilog HDL 和 VHDL 两种，用来对 FPGA（Field-Programmable Gate Array，现场可编辑逻辑门阵列）进行逻辑设计和开发。为此，读者需要学习软件和硬件两方面的知识，软件包括官方软件的使用和模块电路的编程，如 Xilinx 开发平台 Vivado、Altera 开发平台 Quartus II、Icarus Verilog 等，硬件就是 FPGA 芯片和外围电路。

　　本书主要介绍 Vivado 官方软件的使用，采用 Verilog HDL 对 FPGA 进行开发。这种开发方式通常用 Verilog HDL 描述出需要实现的逻辑功能，将写好的代码进行综合仿真，正确无误后，下载到 FPGA 芯片来实现设计功能，从而应用于电路上。

1.2 Verilog HDL 简介

由于电子电路设计的规模越来越大（普通设计已达几百万门的数量级），复杂度越来越高，单纯地使用硬件连线来设计硬件已经不可能完成，即使能够完成，花费的时间和成本也非常高，所以有必要采用更好的技术。高级语言程序可读性强、易于修改，如果用来表达电子系统的功能，隐藏其具体的细节实现，提高逻辑设计的效率，降低设计成本，缩短设计周期将是一件非常好的事情。为此，许多研究人员在努力，并已取得很好的成果。

用于数字电子系统设计（Electronic System Design）的硬件描述语言有很多，如 Verilog HDL（Hardware Description Language）和 VHDL（Hardware Description Language），可以进行各种级别的逻辑设计，可以进行数字逻辑系统（Digital Logic System）的仿真验证、时序分析和逻辑综合。

Verilog HDL 更接近于 C 语言，易于学习、使用方便，学习过 C 语言的人员会很快掌握。Verilog HDL 的主要特征如下：

① 语法结构上，Verilog HDL 与 C 语言有许多相似之处，并借鉴 C 语言的多种操作符和语法结构，包含注释、分隔符、数字、字符串、标识符和关键字。

Verilog HDL 格式比较自由，语句可以在一行内编写，也可跨行编写，用 "；" 分隔。由空格（\b）、制表符（\t）和换行符组成空白符，在文本中起一个分隔符的作用，在编译时被忽略。

② Verilog HDL 既包含一些高层程序设计语言的结构形式，也兼顾描述硬件线路连接的具体构件。

③ 通过使用结构级或行为级描述，可以在不同的抽象层次描述设计。

④ Verilog HDL 是并发的，即具有在同一时刻执行多任务的能力，因为在实际硬件中许多操作都是在同一时刻发生的。一般的计算机编程语言是非并行的。

⑤ Verilog HDL 有时序的概念，因为硬件电路从输入到输出总有延迟存在。

下面给出一个简单的 Verilog HDL 例子。

【例 1-1】 设计一个二输入与门，如图 1-1 所示。

```
module  and1(a, b, y);
    input  a, b;
    output  y;
    assign y = a & b;
endmodule
```

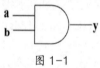

图 1-1

（1）模块表达

```
module  模块名(模块端口名表);
    模块端口和模块功能描述
endmodule
```

（2）端口语句、端口信号名和端口模式

```
input  端口名1, 端口名2, …;                    // input: 输入端口
```

```
output 端口名1, 端口名2, …;              // output：输出端口
inout 端口名1, 端口名2, …;               // inout：双向端口
input[msb:lsb] 端口名1, 端口名2, …;      // [msb:lsb]：msb-lsb+1位端口
```

模块也可以改写成下述形式：

```
module and2(input a, input b, output c);
```

（3）赋值语句和条件操作符

```
assign y = a;                // 将信号a向y赋值
assign y = a & b;            // 将信号a和信号b逻辑与后，向y赋值
assign y =(s?a:b);           // 将条件表达式?表达式1:表达式2得到的值向y赋值
```

1.3 Vivado 安装及使用说明

1.3.1 Vivado 安装说明

读者可以在网站 https://china.xilinx.com/support/do***ad.html 下载所需的 Vivado 版本，可以先下载安装 Web Installer，再通过安装器下载安装，这样可以减少下载时间；也可以直接下载安装包文件后再进行安装，文件约 26 GB，如图 1-2 所示。

图 1-2

Vivado 设计套件提供支持 Windows 或 Linux 系统的在线安装器和双系统的本地安装包下载，用户可选择相应版本下载，如图 1-3 所示（如 Windows Self Extracting Web Installer，Windows 下的在线安装器）。

下载文件需要先登录 Xilinx。如果已有 Xilinx 账号，就可以直接填写用户名和密码登录，否则单击"创建账号"，免费创建一个新账号，如图 1-4 所示。在出现的页面中验证姓名和地址，如图 1-5 所示；输入信息后单击底部的"下载"按钮，此时弹出保存 Vivado 安装包的窗口，将安装包保存在合适的地方。下载后，运行可执行文件 Xilinx_Unified_2019.2_1106_2127_Win64.exe，进入如图 1-6 所示的欢迎界面，然后单击"Next"按钮。

出现如图 1-7 所示的窗口，从中输入 Xilinx 账号、密码，选择"Download and Install Now"，然后单击"Next"按钮。

出现如图 1-8 所示的窗口，勾选所有"I Agree"选项，然后单击"Next"按钮。

出现如图 1-9 所示的窗口，选择 Xilinx 的产品即"Vivado"，然后单击"Next"按钮。

图 1-3

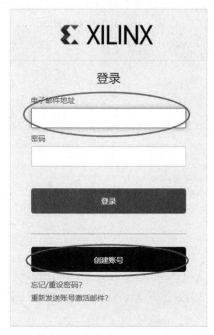

图 1-4

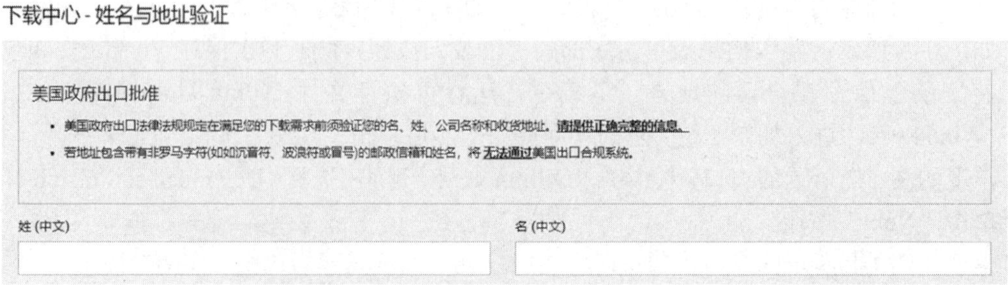

下载中心 - 姓名与地址验证

> 美国政府出口批准
>
> - 美国政府出口法律法规规定在满足您的下载需求前须验证您的名、姓、公司名称和收货地址。**请提供正确完整的信息。**
> - 若地址包含带有非罗马字符(如如沉着符、波浪符或冒号)的邮政信箱和姓名,将 **无法通过美国出口合规系统。**

姓 (中文)	名 (中文)

图 1-5

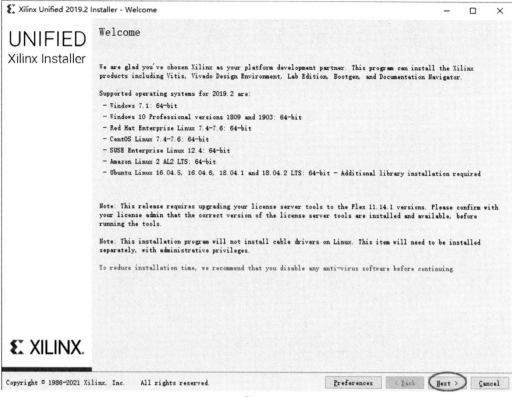

图 1-6

图 1-7

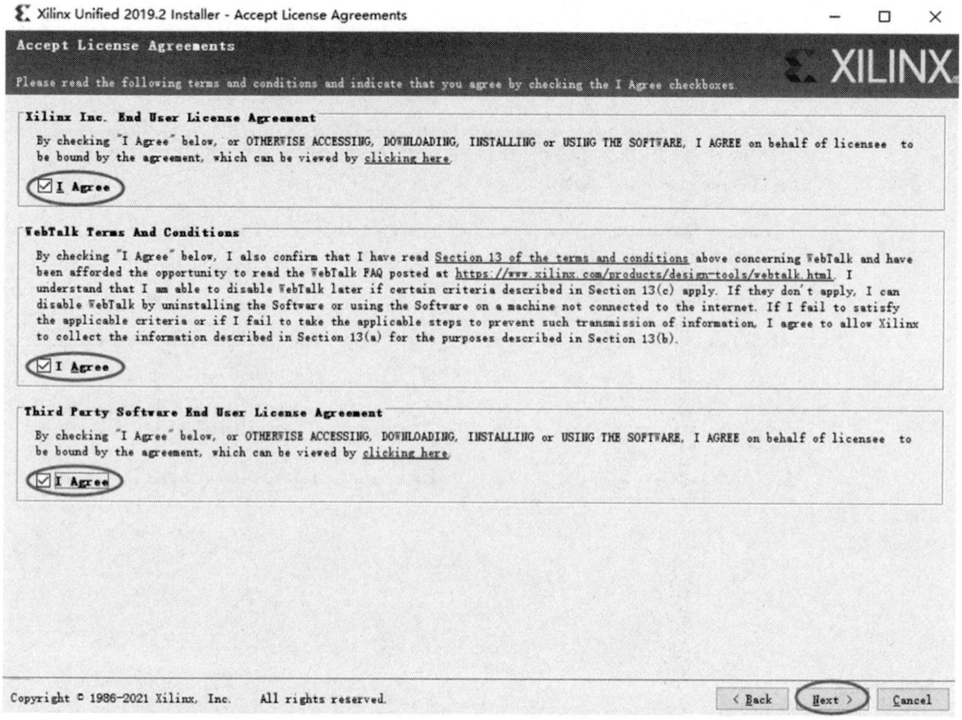

图 1-8

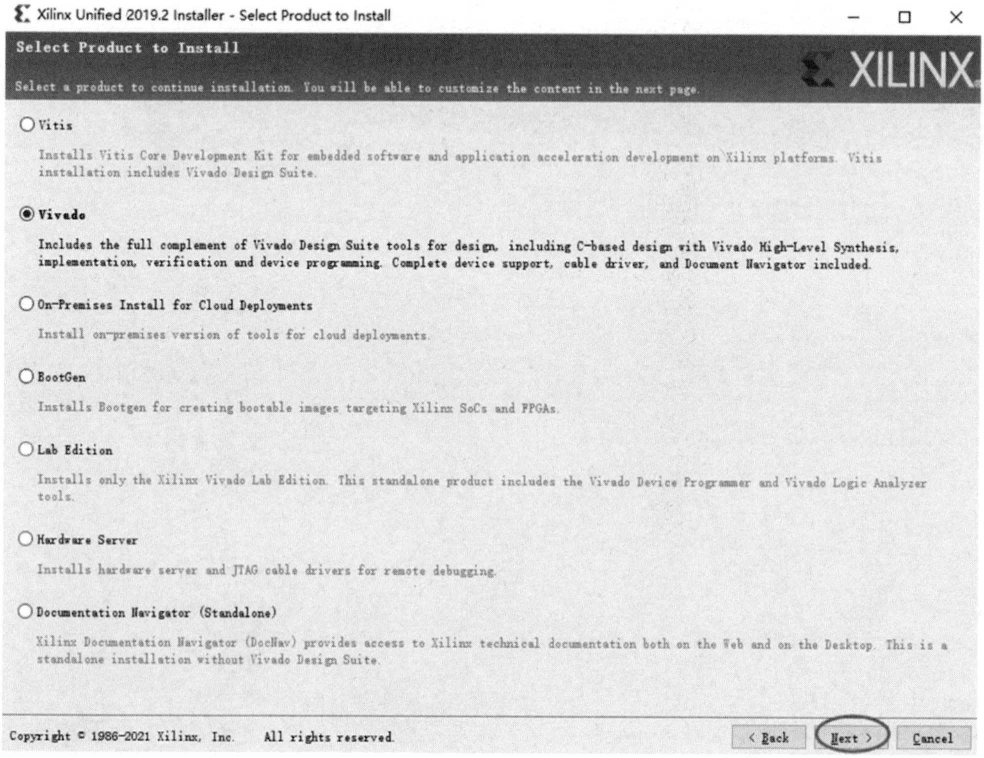

图 1-9

出现如图 1-10 所示的窗口，选择 Vivado 安装版本，即"Vivado HL WebPACK"，然后单击"Next"按钮。

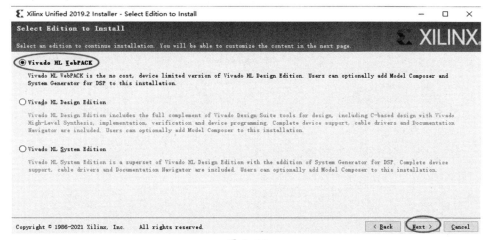

图 1-10

出现如图 1-11 所示的窗口，从中选择设计工具、支持的器件。"Design Tools"默认已选择"Vivado Design Suite"和"DocNav"；"Device"默认选择"Artix-7"，开发板搭载的 FPGA 是 Artix-7；其他器件可以根据需要进行选择；"Installation Options"默认即可。然后单击"Next"按钮。

图 1-11

出现如图 1-12 所示的窗口，选择 Vivado 安装目录，默认为"C:\Xilinx"，单击"..."按钮，可以选择新的路径或者直接更改路径（注意，安装路径中不能出现中文和空格）。然后单击"Next"按钮。

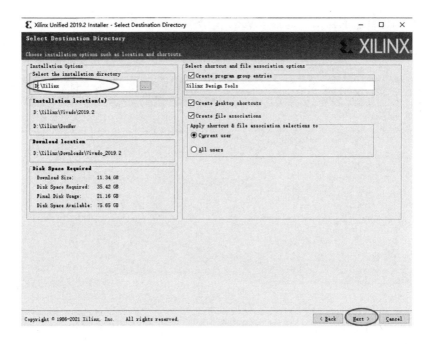

图 1-12

出现如图 1-13 所示的窗口，确认无误后单击"Install"按钮开始安装。若需要修改安装设置，则单击"Back"按钮，返回到相应界面中进行修改。

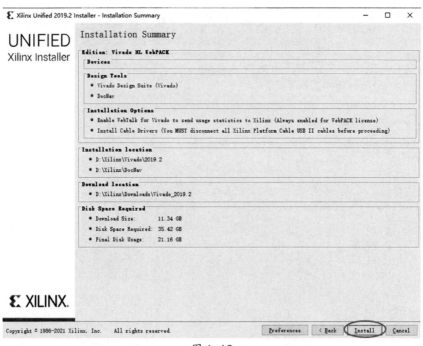

图 1-13

出现如图 1-14 所示的安装进度窗口，等待安装完成。

安装成功后会出现提示窗口，如图 1-15 所示，单击"确定"按钮即可。

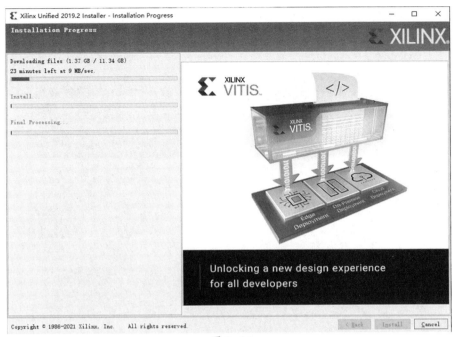

图 1-14

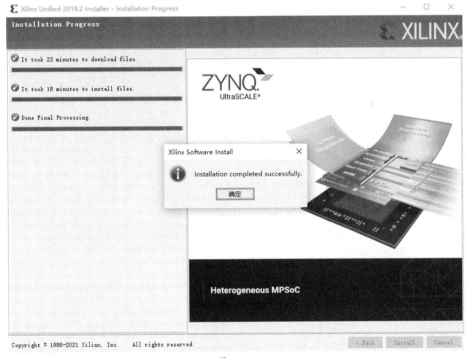

图 1-15

1.3.2　Vivado 使用说明

1. 新建工程

启动 Vivado 软件，如图 1-16 所示。

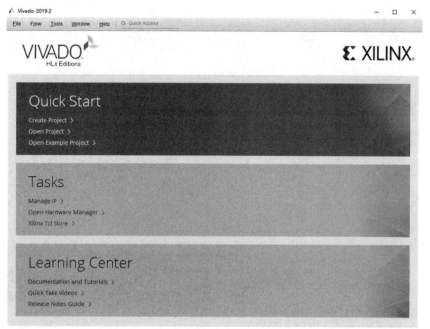

图 1-16

在菜单栏中选择"File → New Project",出现新建工程向导,单击"Next"按钮,出现如图 1-17 所示的对话框,从中输入工程名称,选择工程的文件位置,然后单击"Next"按钮。注意,工程文件名及其所存放文件夹不要用中文。

图 1-17

出现如图 1-18 所示的对话框,从中选择"RTL Project",勾选"Do not specify sources at this time",然后单击"Next"按钮。

出现如图 1-19 所示的对话框,在筛选器中,"Family"选择为"Artix-7","Package"选择为"fbg676",在筛选得到的型号中选择"xc7a200tfbg676-2"。

然后单击"Next"按钮,对所设置和选择的项进行总结显示,出现如图 1-20 所示的对话框,单击"Finish"按钮,结束向导设置。

2.添加源文件

Verilog HDL 代码都是以".v"为后缀的文件,可以在其他文件编辑器中写好,再添加到新建的工程中,也可以在工程中新建一个文件再编辑。

图 1-18

图 1-19

图 1-20

添加已有 Verilog HDL 文件的方法如下：在"Project Manager"菜单中选择"Add Sources"，出现如图 1-21 所示的对话框，从中选择"Add or create design sources"。

图 1-21

然后单击"Next"按钮，出现如图 1-22 所示的对话框，可以按文件或者按文件夹添加，也可以自己创建，下面以按文件添加的形式为例进行操作。

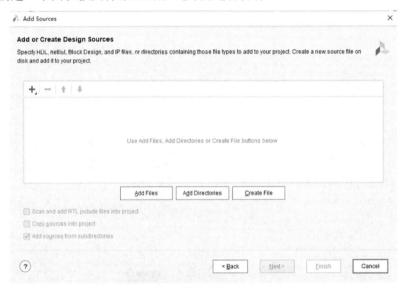

图 1-22

单击"Add Files"，出现如图 1-23 所示的对话框，然后选择"and1.v"，单击"OK"按钮。and1.v 的代码如下：

```
1    `timescale 1ns / 1ps
2    //*****************************************************
3    //  > 文件名：and1.v
4    //  > 描述：按位与运算
5    //  > 日期：2021-03-01
6    //  *****************************************************
7    module and1(
8        input  [31:0] operand1,
9        input  [31:0] operand2,
10       output [31:0] result
11   );
```

图 1-23

```
12   assign result = operand1 & operand2;
13   endmodule
```

代码比较简单，有 2 个 32 位的输入，产生 1 个 32 位的输出。本例中，and1.v 为按位与运算实验的主体代码，由于实验较简单，故只有这一个".v"文件。以后的 CPU 实验中会有多个".v"文件，形成一定的调用层次。

3．添加展示外围模块

本例按实验要求还需要一个外围模块 and1_display.v 来调用 and1.v，添加该模块到工程中的结果如图 1-24 所示。在工程管理区可以看到各模块间的层次关系，本例的顶层模块即 and1_display，里面调用了两个子模块：一个为 and1_module，即按位与运算的主体代码；一个为 lcd_module，即 LCD 触摸屏的模块。外围展示模块 and1_display.v 的具体代码见 1.4 节，后续所有实验的外围展示模块都可仿照 and1_display.v 来编辑。

图 1-24

在图 1-24 中，lcd_module 前面有个"?"，表示该模块还未添加。LS-CPU-EXB-002 配套资源设计时，将 lcd_module 模块封装为一个黑盒的网表文件，使得学生不会过分关注而导致迷失在 LCD 触摸屏实现中，只需调用即可。继续选择"Add Source"，添加 lcd_module.dcp，使用 Vivado 2012.3 版本软件工具时，需先解压 DCP 文件后再添加，添加过程如图 1-25 所示。

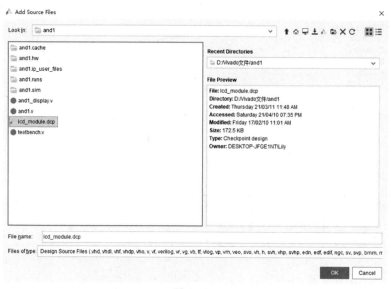

图 1-25

添加成功后，结果如图 1-26 所示。

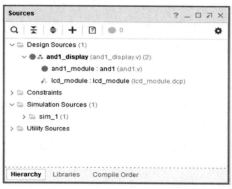

图 1-26

至此，代码实现都已经完成，下面需要对代码功能进行仿真来验证功能的正确性。

4．功能仿真

在进行功能仿真时，需要先建立一个 testbench（测试平台）。一个比较完备的 testbench 就是产生输入激励，送入要测试的功能模块，然后读出功能模块的执行结果，与预期结果进行比较，以验证功能模块的正确性。但在目前的实验设计上，只需要一个最简单的 testbench——只产生输入激励即可。

本例需要产生的输入激励是 2 个操作数，将其输入"按位与运算功能模块"后，会输出按位与运算的结果。仿真过程中会产生波形文件，可以通过观察波形文件确定功能的正确性，在出错的情况下可以定位错误位置。

单击"Add Source"，然后选择"Add or create simulation sources"，添加"testbench.v"。testbench.v 的代码如下：

```
1   `timescale 1ns / 1ps          // 仿真单位时间为1ns，精度为1 ps
2   module testbench;
3
4       // Inputs
5       reg [31:0] operand1;
6       reg [31:0] operand2;
7
8       // Outputs
9       wire [31:0] result;
10
11      // Instantiate the Unit Under Test (UUT)
12      and1 uut (
13          .operand1(operand1),
14          .operand2(operand2),
15          .result(result)
16      );
17
18      initial begin
19          // Initialize Inputs
20          operand1 = 0;
21          operand2 = 0;
22
23          // Wait 100 ns for global reset to finish
24          #100;
25          // Add stimulus here
26      end
27
28      always #10 operand1 = $random;  // $random 为系统任务，产生一个随机的 32 位数
29      always #10 operand2 = $random; // #10 表示等待 10 个单位时间(10ns)，即每过 10ns 赋值一个随机 32 位数
30  endmodule
```

添加 testbench.v 后，工程管理区如图 1-27 所示，如果 testbench.v 前没有 top 标志 ，则右键单击 "testbench.v"，在弹出的快捷菜单中选择 "Set as Top" 命令。然后在左侧的导航栏中选择 "Run Simulation" 下的 "Run Behavioral Simulation"，如图 1-28 所示。

如果没有语法错误，此时会弹出如图 1-29 所示的界面。

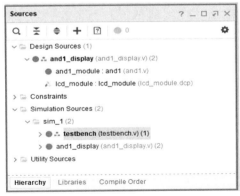

图 1-27

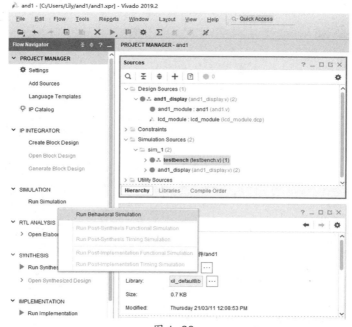

图 1-28

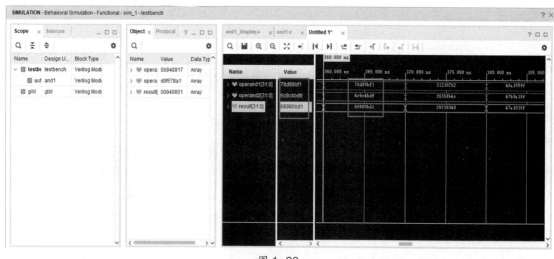

图 1-29

通过图 1-30 中圈出的放大、缩小、缩放/全屏三个按钮，以及单击波形界面（出现黄线，缩放会以黄线为中心），可以观察特定波形区域的信息。

图 1-30

图 1-31 是仿真工具栏，从左到右依次是：从 0 时刻开始仿真，运行仿真，运行特定时长的仿真，仿真时长，时间单位，单步仿真，暂停，重新载入仿真。

图 1-31

在仿真界面左侧的"Scope"（图 1-29 的最左列）选择要观察信号所在的源文件对象，然后在"Objects"窗格（图 1-29 的第二列）中可以看到该对象的所有信号。选中要观察的信号，然后单击右键，在弹出的快捷菜单中有很多可选项，选择"Add to Wave Window"，可以添加该信号到波形窗口，如图 1-32 所示。

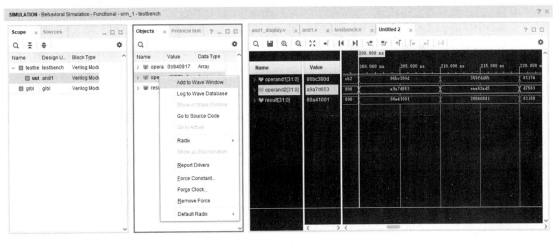

图 1-32

在添加新的信号到波形窗口后，需要单击"Relaunch"才能看到该信号的数据。由于按位与运算模块内部所有信号均为输入输出信号，故此处没有新的信号可以添加，后续实例操作中可能经常需要添加新的信号到波形窗口。

另外，如果波形窗口显示的数据为二进制数，而 32 位的二进制数不便于观察，故此可以在波形窗口的"Name"列中选择信号，然后单击右键，在弹出的快捷菜单中选择"Radix"，选择要显示的进制，如图 1-33 所示。此处选择十六进制，结果如图 1-34 所示。

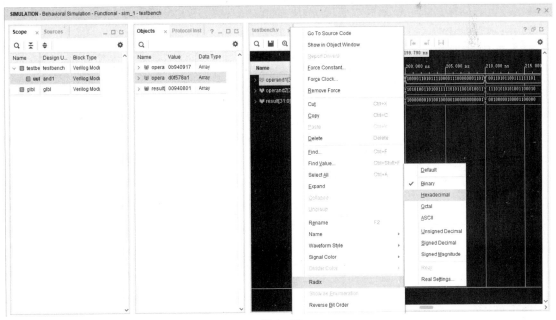

图 1-33

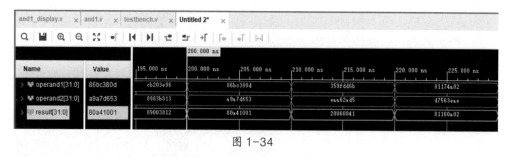

图 1-34

可以检查几组数据，如"86bc380d & a9a7d653=80a41001"。

类似地，通过观察波形，可以看到按位与运算功能模块随机测试并没有出错，功能趋于稳定，可以认为是正确的。

至此，代码编辑和功能仿真都已完成，认为功能基本正确，后续流程就是上板验证了。

5. 上板验证

所谓上板验证，是指将功能代码进行综合和布局布线后，下载到 FPGA 板上后运行，再验证其正确性。

因此，需要设定一套在板上检查结果的机制。对于本例的按位与运算，可以设定使用拨码开关作为操作数的输入，使用 LED 灯作为结果的输出，这样就能在 FPGA 实验板上观察按位与运算的运行结果了。

遗憾的是，32 位操作数的按位与运算需要 64 个拨码开关和 32 个 LED 灯，显然实验板上提供不了如此之多的输入/输出接口。当然，也可以通过精巧的设计，使用实验板有限的资源来完成操作数的输入和结果显示，但使用起来不够方便。

LS-CPU-EXB-002 实验箱则没有上述问题，因为可以通过 LCD 触摸屏输入 32 位操作数，并显示按位与运算结果，外围展示模块 and1_display.v 就是为了通过调用 LCD 触摸屏完成上板验证机制而设计的。

有了板上验证机制后，需添加引脚绑定的约束文件。所谓约束文件，就是将顶层模块（本例中为 and1_display）的输入/输出接口与 FPGA 板上的输入/输出接口的引脚绑定，完成在板上的输入和输出。

约束文件的后缀名为 .xdc。添加约束文件的方法有如下两种。

（1）用"Add or create constraints"添加或创建约束文件，如图 1-35 所示，然后选择添加 and1.xdc。

and1.xdc 的内容如下：

```
1    set_property PACKAGE_PIN AC19 [get_ports clk]
2    set_property PACKAGE_PIN A3 [get_ports led_cout]
3    set_property PACKAGE_PIN Y3 [get_ports resetn]
4    set_property PACKAGE_PIN AC21 [get_ports input_sel]
5
6    set_property IOSTANDARD LVCMOS33 [get_ports clk]
7    set_property IOSTANDARD LVCMOS33 [get_ports led_cout]
8    set_property IOSTANDARD LVCMOS33 [get_ports resetn]
9    set_property IOSTANDARD LVCMOS33 [get_ports input_sel]
10
```

图 1-35

```
11    #LCD
12    set_property PACKAGE_PIN J25 [get_ports lcd_rst]
13    set_property PACKAGE_PIN H18 [get_ports lcd_cs]
14    set_property PACKAGE_PIN K16 [get_ports lcd_rs]
15    set_property PACKAGE_PIN L8 [get_ports lcd_wr]
16    set_property PACKAGE_PIN K8 [get_ports lcd_rd]
17    set_property PACKAGE_PIN J15 [get_ports lcd_bl_ctr]
18    set_property PACKAGE_PIN H9 [get_ports {lcd_data_io[0]}]
19    set_property PACKAGE_PIN K17 [get_ports {lcd_data_io[1]}]
20    set_property PACKAGE_PIN J20 [get_ports {lcd_data_io[2]}]
21    set_property PACKAGE_PIN M17 [get_ports {lcd_data_io[3]}]
22    set_property PACKAGE_PIN L17 [get_ports {lcd_data_io[4]}]
23    set_property PACKAGE_PIN L18 [get_ports {lcd_data_io[5]}]
24    set_property PACKAGE_PIN L15 [get_ports {lcd_data_io[6]}]
25    set_property PACKAGE_PIN M15 [get_ports {lcd_data_io[7]}]
26    set_property PACKAGE_PIN M16 [get_ports {lcd_data_io[8]}]
27    set_property PACKAGE_PIN L14 [get_ports {lcd_data_io[9]}]
28    set_property PACKAGE_PIN M14 [get_ports {lcd_data_io[10]}]
29    set_property PACKAGE_PIN F22 [get_ports {lcd_data_io[11]}]
30    set_property PACKAGE_PIN G22 [get_ports {lcd_data_io[12]}]
31    set_property PACKAGE_PIN G21 [get_ports {lcd_data_io[13]}]
32    set_property PACKAGE_PIN H24 [get_ports {lcd_data_io[14]}]
33    set_property PACKAGE_PIN J16 [get_ports {lcd_data_io[15]}]
34    set_property PACKAGE_PIN L19 [get_ports ct_int]
35    set_property PACKAGE_PIN J24 [get_ports ct_sda]
36    set_property PACKAGE_PIN H21 [get_ports ct_scl]
37    set_property PACKAGE_PIN G24 [get_ports ct_rstn]
38
39    set_property IOSTANDARD LVCMOS33 [get_ports lcd_rst]
40    set_property IOSTANDARD LVCMOS33 [get_ports lcd_cs]
41    set_property IOSTANDARD LVCMOS33 [get_ports lcd_rs]
42    set_property IOSTANDARD LVCMOS33 [get_ports lcd_wr]
```

```
43    set_property IOSTANDARD LVCMOS33 [get_ports lcd_rd]
44    set_property IOSTANDARD LVCMOS33 [get_ports lcd_bl_ctr]
45    set_property IOSTANDARD LVCMOS33 [get_ports {lcd_data_io[0]}]
46    set_property IOSTANDARD LVCMOS33 [get_ports {lcd_data_io[1]}]
47    set_property IOSTANDARD LVCMOS33 [get_ports {lcd_data_io[2]}]
48    set_property IOSTANDARD LVCMOS33 [get_ports {lcd_data_io[3]}]
49    set_property IOSTANDARD LVCMOS33 [get_ports {lcd_data_io[4]}]
50    set_property IOSTANDARD LVCMOS33 [get_ports {lcd_data_io[5]}]
51    set_property IOSTANDARD LVCMOS33 [get_ports {lcd_data_io[6]}]
52    set_property IOSTANDARD LVCMOS33 [get_ports {lcd_data_io[7]}]
53    set_property IOSTANDARD LVCMOS33 [get_ports {lcd_data_io[8]}]
54    set_property IOSTANDARD LVCMOS33 [get_ports {lcd_data_io[9]}]
55    set_property IOSTANDARD LVCMOS33 [get_ports {lcd_data_io[10]}]
56    set_property IOSTANDARD LVCMOS33 [get_ports {lcd_data_io[11]}]
57    set_property IOSTANDARD LVCMOS33 [get_ports {lcd_data_io[12]}]
58    set_property IOSTANDARD LVCMOS33 [get_ports {lcd_data_io[13]}]
59    set_property IOSTANDARD LVCMOS33 [get_ports {lcd_data_io[14]}]
60    set_property IOSTANDARD LVCMOS33 [get_ports {lcd_data_io[15]}]
61    set_property IOSTANDARD LVCMOS33 [get_ports ct_int]
62    set_property IOSTANDARD LVCMOS33 [get_ports ct_sda]
63    set_property IOSTANDARD LVCMOS33 [get_ports ct_scl]
64    set_property IOSTANDARD LVCMOS33 [get_ports ct_rstn]
```

引脚的连接主要包括：时钟与复位信号的引脚连接，LED 灯和拨码开关的引脚连接，以及 LCD 触摸屏的引脚连接。此处，时钟与复位信号和 LCD 触摸屏引脚都是 lcd_module 需要用到的，可以不用管。

对于拨码开关的连接，"input_sel"用来选择通过触摸屏输入的 32 位数据为操作数 1 还是操作数 2。

由于以后的实例都需用到LCD触摸屏，而LCD触摸屏相关引脚的绑定通常是固定不变的，故可基于已有的 XDC 文件进行添加，然后根据需求修改 LED 和拨码开关等引脚的绑定。

（2）通过 Vivado 的 I/O Planning 功能来产生约束文件，具体过程如下：单击"Flow Navigator"中的"SYNTHESIS → Run Synthesis"，进行综合，如图 1-36 所示；然后选择"Open Synthesized Design"（如图 1-37 所示），查看综合结果，如图 1-38 所示。

参照附录部分的实验板原理图和引脚对应关系表，在"I/O Ports"栏填入正确的 Package Pin。针对本实验板，I/O Std 要统一设置为"LVCMOS33"。

所有约束条件填写完成后，效果如图 1-39 所示。

单击右上角的"保存"按钮，即可保存为 XDC 文件。

后续流程就是综合、布局布线和产生可烧写文件，依次双击运行。也可以双击"Generate Bitstream"，会自动运行这三步。运行结果如图 1-40 所示，可以选择"Open Implemented Design"查看实现结果。

这时可烧写的文件已经产生成功了，后缀为".bit"。

打开 FPGA 实验板上电，并将下载线与计算机相连，打开电源，FPGA 板如图 1-41 所示。

在比特流文件生成完成的窗口中选择"Open Hardware Manager"（如图 1-42 所示），进入硬件管理界面。连接 FPGA 开发板的电源线和与计算机的下载线，打开 FPGA 电源。

图 1-36

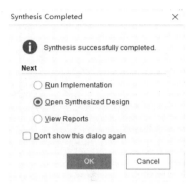

图 1-37

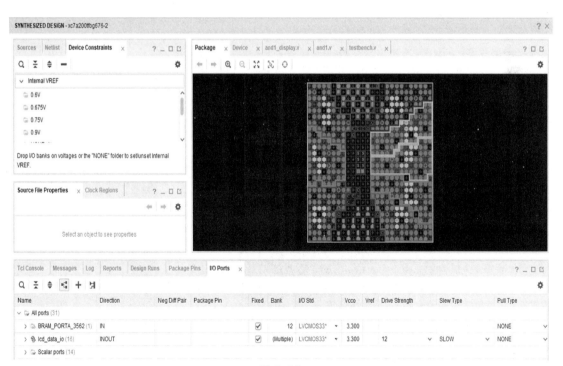

图 1-38

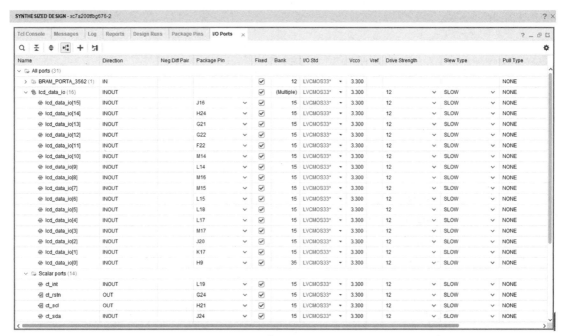

图 1-39

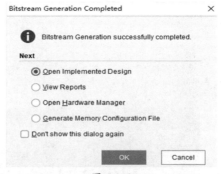

图 1-40

图 1-41

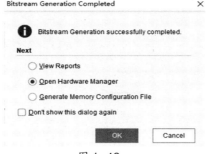

图 1-42

在"Hardware Manager"窗格的提示信息中选择"Open target → Open New Target"（或在"Flow Navigator → Program and Debug"中展开"Open Hardware Manager"，然后选择"Open Target → Open New Target"），打开 Open New Hardware Target 向导，如图 1-43 所示。也可选择"Auto Connect"，进行自动连接，如图 1-44 所示。

图 1-43

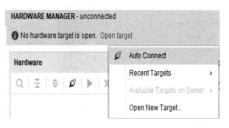 

图 1-44

在"Open New Hardware Target"向导中单击"Next"按钮，进入 Hardware Server Settings 向导，如图 1-45 所示。选择连接到"Local server"，单击"Next"按钮，然后选择目标硬件，再单击"Next"按钮，出现如图 1-46 所示的界面，单击"Finish"按钮，完成目标硬件的打开。

接下来对目标硬件进行编程。在"Hardware"窗格中右击目标器件"xc7a200t_0"，在弹出的快捷菜单中选择"Program Device…"；或者在"Flow Navigator"窗格中选择"Program and Debug →Open Hardware Manager → Program Device"，如图 1-47 所示。

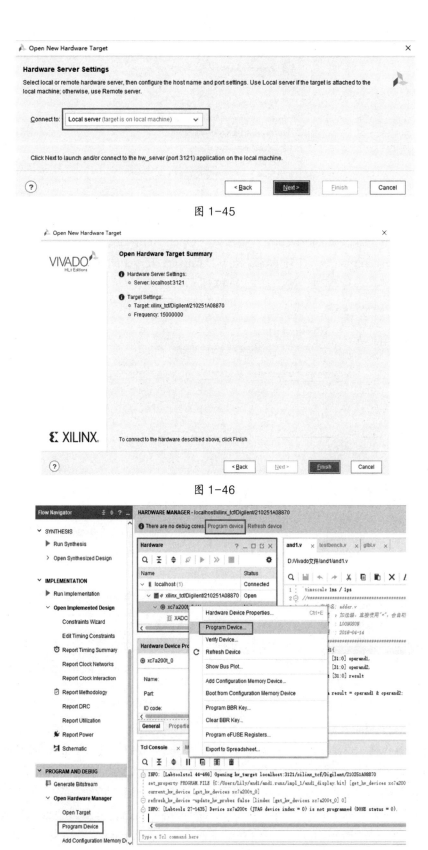

图 1-45

图 1-46

图 1-47

弹出 Program Device 对话框，如图 1-48 所示，选择下载的比特流文件，然后单击"Program"按钮。完成下载后，"Hardware"窗格中的"xc7a200t_0"状态变成"Programmed"，如图 1-49所示。

图 1-48

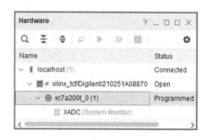
图 1-49

烧写比特文件，完成后的 FPGA 板如图 1-50 所示，可以看到 LCD 触摸屏上分别显示了两个操作数和操作结果，起始均被初始化为 0。拨码开关最左侧的开关用来选择触摸屏输入的数据为操作数 1 还是操作数 2，当前该开关置为 0（向上），说明此时触摸屏输入的 32 位数为操作数 1。

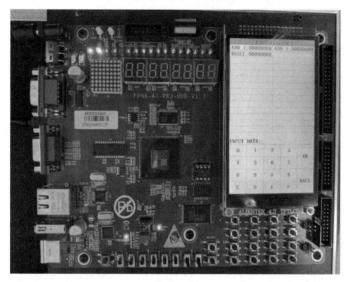
图 1-50

在需要使用触摸屏的输入功能时，点击触摸屏底部的"START INPUTING"，即可进入输入模式，如图 1-51 所示。

由图 1-51 可知，触摸屏的输入模式为小键盘，包含 0～F、回退键（BACK）和确认键（OK）。输入的数据为 32 位的十六进制数，当输出错误时，可以按 BACK 键回退一格，当输入完成时，按 OK 键完成输入，同时会退出输入模式。当按 OK 键时，输入未满 32 位，则会高位补 0，如只输入了"123"，则最终屏调用模块输入时，输入数据为"0x00000123"。

将最左侧的拨码开关置为 1（向下），表示输入数据为操作数 2。本例中，给操作数 2 输入"0x00000456"后，可看到 FPGA 板的结果如图 1-52 所示。

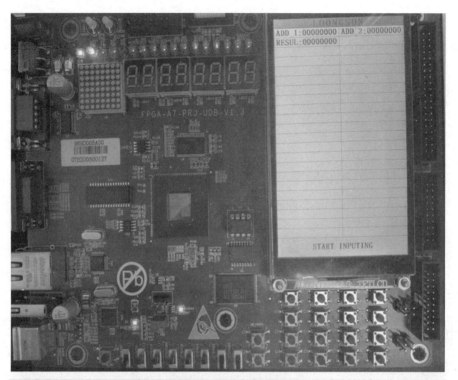

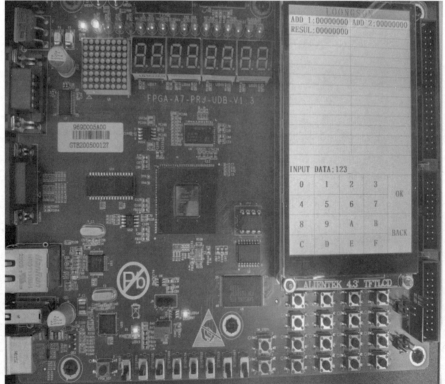

图 1-51

图 1-52

两个操作数执行按位与运算之后的运算结果也变为了"0x00000002"，与理论值完全一致。通过触摸屏可以给操作数 1 和操作数 2 输入任意 32 位数，并能实时看到运算结果，完成上板验证。

1.4 LCD 触摸屏调用方法

作为顶层模块，and1_display.v 实例化了 and1.v，也调用了 lcd_module 来上板演示。下面着重讲解 and1_display.v 中调用 LCD 触摸屏的方法。

1. LCD 触摸屏调用接口

先来看 lcd_module.v 的代码：

```
1    // ****************************************************
2    //  > 文件名：lcd_module.v
3    //  > 描述  ：lcd 触摸屏模块，为黑盒文件
4    // ****************************************************
5    // synthesis attribute box_type <lcd_module> "black_box"
6    module lcd_module(
7        input  clk,                         // 10 MHz
8        input  resetn,                      // 低使能
9
10       // 调用触摸屏的接口
11       input  display_valid,
12       input  [39:0] display_name,
13       input  [31:0] display_value,
14       output [5:0] display_number,
```

```
15      output  input_valid,
16      output  [31:0] input_value,
17
18      // LCD 触摸屏相关接口，不需要更改
19      output  reg lcd_rst,
20      output  lcd_cs,
21      output  lcd_rs,
22      output  lcd_wr,
23      output  lcd_rd,
24      inout  [15:0] lcd_data_io,
25      output  lcd_bl_ctr,
26      inout  ct_int,
27      inout  ct_sda,
28      output  ct_scl,
29      output  ct_rstn
30  );
31  endmodule
```

可以看到该模块为黑盒文件，其中时钟和复位信号以及 LCD 触摸屏引脚接口不需要关注，下面介绍调用触摸屏的 6 个接口。

2．调用 LCD 触摸屏显示

display 的 4 个接口用于在屏上显示数据。LCD 屏用于显示的区域块共有 2 列、22 行，故可显示 44 组数据。

```
input  display_valid,
input  [39:0] display_name,
input  [31:0] display_value,
output  [5:0] display_number,
```

display_number 就是输出到外部说明当前需要显示的区域块为第几块，有效编号为 1～44，指示 44 块显示区域块。

每块显示区域块可显示 14 个字符。其中，前 5 个字符为块名，指示当前块显示的数据的意义，由 display_name 输入指定。display_name 输入为要显示字符的 ASCII 值，5 个 ASCII 值共 40 位。块名可显示字符为大写的 26 个字母、"_"、数字 0～9 和空格。

每块显示区域块的第 6 个字符为 "："，用于区分块名和块数据段。

后 8 个字符显示块的数值，显示为 32 位十六进制数，故占用 8 个字符。该段由 display_value 输入指定，输入为 32 位二进制数，lcd_module 内部会自动转换为 8 个字符显示。

最后还有 display_valid 输入，用于指示是否需要在当前显示区域块（由 display_number）显示数据，为 1 有效。

本例中，顶层模块 and1_display.v 调用 LCD 触摸屏显示功能的代码如下：

```
1  // -----{输出到触摸屏显示}begin
2  // 根据需要显示的数修改此小节
3  // 触摸屏上共有 44 块显示区域，可显示 44 组 32 位数据
4  // 44 块显示区域从 1 开始编号，编号为 1～44
5      always @(posedge clk)
6      begin
```

```
7              case(display_number)
8                  6'd1:
9                  begin
10                     display_valid <= 1'b1;
11                     display_name  <= "AND_1";
12                     display_value <= and1_operand1;
13                 end
14                 6'd2:
15                 begin
16                     display_valid <= 1'b1;
17                     display_name  <= "AND_2";
18                     display_value <= and1_operand2;
19                 end
20                 6'd3:
21                 begin
22                     display_valid <= 1'b1;
23                     display_name  <= "RESUL";
24                     display_value <= and1_result;
25                 end
26                 default:
27                 begin
28                     display_valid <= 1'b0;
29                     display_name  <= 40'd0;
30                     display_value <= 32'd0;
31                 end
32             endcase
33         end
34 //-----{输出到触摸屏显示}end
35 //---------------------{调用触摸屏模块}end---------------------//
```

按位与运算模块只需要区域块 1~3 用于显示，其他块（default 分支）的 display_valid 为 0。另外，display_name 接口赋值 5 位字符组成的字符串即可，字符串应当只出现大写的 26 个字母、"_"、数字 0~9 或空格，其他字符在 LCD 触摸屏上暂不支持显示，而 display_value 直接赋值 32 位的数据即可。

3. 调用 LCD 触摸屏输入

input 的两个接口用于使用触摸屏的输入功能。

```
output  input_valid,
output  [31:0] input_value,
```

当需要使用输入功能时，触摸屏底部的 "START INPUTING" 栏即可进入输入模式（见图 1-51）。单击屏小键盘的 OK 键，完成输入，会退出输入模式，同时 lcd_module 会拉高 input_valid 信号 1 拍，表示有数据要输出，而输出数据 input_value 会依据之前的输入确定，当输入不足 32 位时，会自动高位补 0。比如，只输入 "123"，就按 OK 键，则最终 input_valid 的值为 "0x00000123"。当输入有误时，可以按 BACK 键，回退一格。

本例中，顶层模块 and1_display.v 调用 LCD 触摸屏输入功能的代码如下：

```
1   //-----{从触摸屏获取输入}begin
```

```
2    // 根据实际需要输入的数修改此小节
3    // 建议对每个数的输入都编写单独的 always 块
4        // 当 input_sel 为 0 时，表示输入数为操作数 1，即 operand1
5        always @(posedge clk)
6        begin
7            if (!resetn)
8            begin
9                and1_operand1 <= 32'd0;
10           end
11           else if (input_valid && !input_sel)
12           begin
13               and1_operand1 <= input_value;
14           end
15       end
16
17       // 当 input_sel 为 1 时，表示输入数为加数 2，即 operand2
18       always @(posedge clk)
19       begin
20           if (!resetn)
21           begin
22               and1_operand2 <= 32'd0;
23           end
24           else if (input_valid && input_sel)
25           begin
26               and1_operand2 <= input_value;
27           end
28       end
29  //-----{从触摸屏获取输入}end
```

　　按位与运算模块需要使用触摸屏输入两个操作数，故需要一个拨码开关指示输入的数据为操作数 1 还是操作数 2。理论上，触摸屏加上外部的选择信号，可以给任意信号输入 32 位的数，如可以输入一条 32 位的指令、可以输入内存的 32 位地址等，这些在后续的 CPU 实验中可能经常用到。当需要使用触摸屏输入多个数据时，如本例中输入两个操作数，建议每个数据都单独用一个 always 块采集输入，这样的写法更接近电路实际情况。

4．and1_display.v 完整代码

and1_display.v 完整代码如下：

```
1    //**********************************************************
2    //   > 文件名: and1_display.v
3    //   > 描  述: 按位与运算，调用 FPGA 板的 I/O 接口和触摸屏
4    //   > 日  期: 2021-03-01
5    //**********************************************************
6    module and1_display(
7        // 时钟与复位信号
8        input clk,
9        input resetn,              // 后缀"n"代表低电平有效
10
```

```
11        // 拨码开关，用于选择输入数和产生 cin
12        input input_sel,              // 0:输入操作数 1(and1_operand1)，1:操作数 2(and1_operand2)
13
14        // LED 灯，用于显示 cout
15        output led_cout,
16
17        // 触摸屏相关接口，不需要更改
18        output lcd_rst,
19        output lcd_cs,
20        output lcd_rs,
21        output lcd_wr,
22        output lcd_rd,
23        inout[15:0] lcd_data_io,
24        output lcd_bl_ctr,
25        inout  ct_int,
26        Inout  ct_sda,
27        output ct_scl,
28        output ct_rstn
29    );
30
31    //-----{调用按位与运算模块}begin
32        reg [31:0] and1_operand1;
33        reg [31:0] and1_operand2;
34        wire [31:0] and1_result;
35        and1 and1_module(
36            .operand1(and1_operand1),
37            .operand2(and1_operand2),
38            .result  (and1_result  ),
39    );
40    assign led_cout = and1_result;
41    // -----{调用按位与运算模块}end
42
43    // --------------------{调用触摸屏模块}begin--------------------//
44    // -----{实例化触摸屏}begin
45        // 此小节不需要更改
46        reg display_valid;
47        reg [39:0] display_name;
48        reg [31:0] display_value;
49        wire [5 :0] display_number;
50        wire input_valid;
51        wire [31:0] input_value;
52        lcd_module lcd_module(
53            .clk(clk ),                           // 10 MHz
54            .resetn(resetn ),
55
56            // 调用触摸屏的接口
57            .display_valid(display_valid),
58            .display_name(display_name),
```

```verilog
59          .display_value(display_value),
60          .display_number(display_number),
61          .input_valid(input_valid),
62          .input_value(input_valu),
63
64          // LCD 触摸屏相关接口，不需要更改
65          .lcd_rst(lcd_rst),
66          .lcd_cs(lcd_cs),
67          .lcd_rs(lcd_rs),
68          .lcd_wr(lcd_wr),
69          .lcd_rd(lcd_rd),
70          .lcd_data_io(lcd_data_io),
71          .lcd_bl_ctr(lcd_bl_ctr),
72          .ct_int(ct_int),
73          .ct_sda(ct_sda),
74          .ct_scl(ct_scl),
75          .ct_rstn(ct_rstn)
76      );
77  // -----{实例化触摸屏}end
78  // -----{从触摸屏获取输入}begin
79  // 根据实际需要输入的数修改此小节
80  // 建议对每个数的输入都编写单独的 always 块
81      // 当 input_sel 为 0 时，表示输入数为操作数 1，即 and1_operand1
82      always @(posedge clk)
83      begin
84          if (!resetn)
85          begin
86              and1_operand1 <= 32'd0;
87          end
88          else if (input_valid && !input_sel)
89          begin
90              and1_operand1 <= input_value;
91          end
92      end
93      // 当 input_sel 为 1 时，表示输入数为操作数 2，即 and1_operand2
94      always @(posedge clk)
95      begin
96          if (!resetn)
97          begin
98              and1_operand2 <= 32'd0;
99          end
100         else if (input_valid && input_sel)
101         begin
102             and1_operand2 <= input_value;
103         end
104     end
105 // -----{从触摸屏获取输入}end
106
```

```
107    // -----{输出到触摸屏显示}begin
108    // 根据需要显示的数修改此小节
109    // 触摸屏上共 44 块显示区域，可显示 44 组 32 位数据
110    // 44 块显示区域从 1 开始编号，编号为 1~44
111        always @(posedge clk)
112        begin
113          case(display_number)
114            6'd1:
115            begin
116                display_valid <= 1'b1;
117                display_name  <= "AND_1";
118                display_value <= and1_operand1;
119            end
120            6'd2:
121            begin
122                display_valid <= 1'b1;
123                display_name  <= "AND_2";
124                display_value <= and1_operand2;
125            end
126            6'd3:
127            begin
128                display_valid <= 1'b1;
129                display_name  <= "RESUL";
130                display_value <= and1_result;
131            end
132            default:
133            begin
134                display_valid <= 1'b0;
135                display_name  <= 40'd0;
136                display_value <= 32'd0;
137            end
138          endcase
139        end
140    // -----{输出到触摸屏显示}end
141    // ----------------------{调用触摸屏模块}end--------------------//
142    endmodule
```

顶层模块中调用了加法模块和 lcd_module 模块，在调用 LCD 触摸屏模块时需要通过"Add Source"添加"lcd_module.dcp"。

1.5　实验系统

实验系统 LS-CPU-EXB-002 是由龙芯中科技术有限公司研制的基于 MIPS 处理器的计算机系统教学实验平台，克服了传统硬件实验中单纯的验证模式、实验复杂、查错困难、时间长、与实际工程技术脱节等缺点。实验系统 LS-CPU-EXB-002 由如下部分组成：FPGA 实验板、Xilinx 下载线、串口线（台式机可直接使用串口线，笔记本需使用串口转 USB 线）、电源线（含适配器）、Flash 烧写器件和终端 PC，如图 1-53 所示。

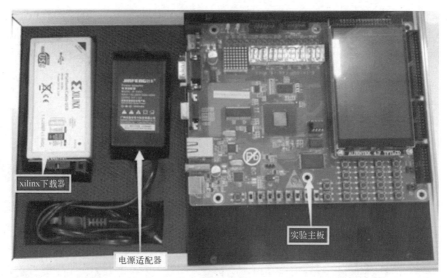

图 1-53

实验系统 LS-CPU-EXE-002 的核心部分是由 FPGA 芯片设计实现的，通过 FPGA 与单片机的接口，将硬件电路中的一些数据或信息通过数码管和 LCD 液晶显示屏显示。各类操作指示、数据动态流向显示，简单直观。该系统采用了模块化设计，单元电路分离，模块之间通过内部总线和总线选择多路开关相连来设计各种硬件电路，不需进行硬件连线，减少了出错的可能性，大大提高了实验的成功率，实验系统主板如图 1-54 所示。

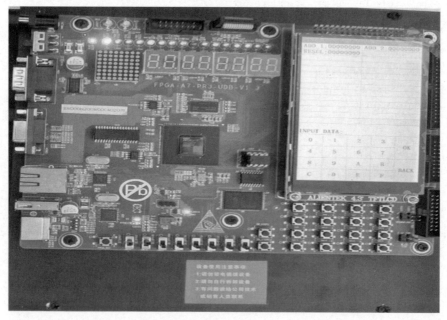

图 1-54

实验板的硬件结构如图 1-55 所示。

1. 实验板简介

实验板可由 FPGA 直接提供内存控制器，外接 DDR3 标准内存，并连接串口、LCD 显示屏、以太网接口等，如图 1-56 所示，以满足不同的接口实验与驱动编程等教学需要。

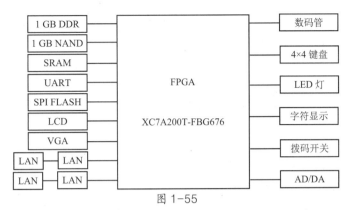

图 1-55

图 1-56

实验板硬件规格如表 1-1 所示。

2．FPGA 芯片介绍

Xilinx 是全球领先的可编程逻辑完整解决方案的供应商。Xilinx Artix-7 系列不仅拥有业界领先的系统集成能力，还能实现适用于大批量应用的最低总成本。本实验箱采用的是 Artix-7 XC7A200T 芯片，内含 215360 个逻辑单元，如表 1-2 所示。

与上一代 Spartan-6 系列相比，Artix-7 系列采用成熟的 28 nm 低功耗铜制程技术制造，实现了性价比与功耗的完美平衡，能够提供全新且效率更高的双寄存器、输入查找表（LUT）逻辑和一系列丰富的内置系统级模块，其中包括 18 KB（2×9 KB）Block RAM、第二代 DSP48A1 Slice、SDRAM 存储器控制器、增强型混合模式时钟管理模块、SelectIO 技术、功率优化的高速串行收发器模块、PCI Express 兼容端点模块、高级系统级电源管理模式、自动检测配置选

表 1-1

接口器件	描 述	数量
FPGA	Xilinx XC7A200T	1
JTAG	FPGA 调试接口	1
EJTAG	FPGA 调试接口	1
内存	片内集成硬件内存控制器，DDR3，128 MB	1
网口	100M，RJ-45	1
SPI	外挂 FLASH，用于作为操作系统启动 ROM	1
UART		1
LCD	数字 RGB 接口，外挂 LCD 显示屏	1
数码管	7 段 LED 数码管	8
按键	4×4 矩阵键盘	16
LED 灯		18
拨码开关		8

表 1-2

器 件		XC7A200T		逻辑单元数	215360
可配置逻辑模块（CLB）	刀片（Slice）	33650 个	Block RAM 模块	18KB	365
	触发器	2888 个		最大 KB 数	13140
	最大分布式 RAM	740 KB	DSP48A1Slice		730
CMT 数量		10	Express 端点模块数		16
最大存储器/控制器模块		1	最大 GTP 收发器数		1
总 I/O bank 数		10	最大用户 I/O 数		500

项，以及通过 AES 和 Device DNA 保护功能实现的增强型 IP 安全性。Artix-7 系列的功耗提高 35%，速度更快，连接功能更丰富全面。

Artix-7 FPGA 奠定了坚实的可编程芯片基础，非常适用于可提供集成软硬件组件的目标设计平台。

3．实验板操作说明

实验板的 LED 灯的说明如表 1-3 所示。

表 1-3

开关	指示灯	指示灯状态描述	
拨码开关	LED1　LED2　LED3　LED4　LED5　LED6　LED7　LED8　LED9　LED10　LED11　LED12　LED21　LED22　LED23　LED24	亮	控制板串口连通所对应的处理器
		灭	/
	LED13、LED27	亮	对应的处理器处于开机状态
		灭	对应的处理器处于关机状态

拨码开关电路图如图 1-57 所示。

数码管电路图如图 1-58 所示。

触摸屏电路图如图 1-59 所示。

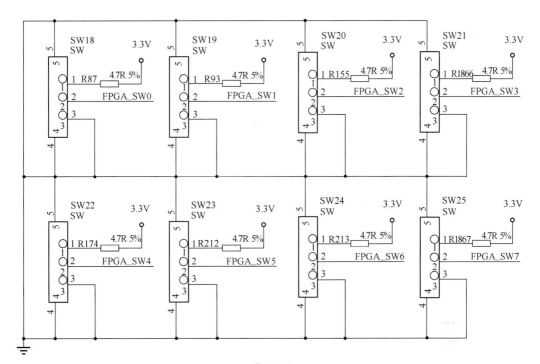

图 1-57

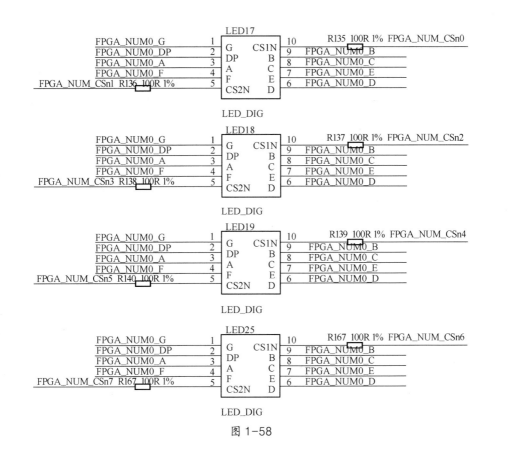

图 1-58

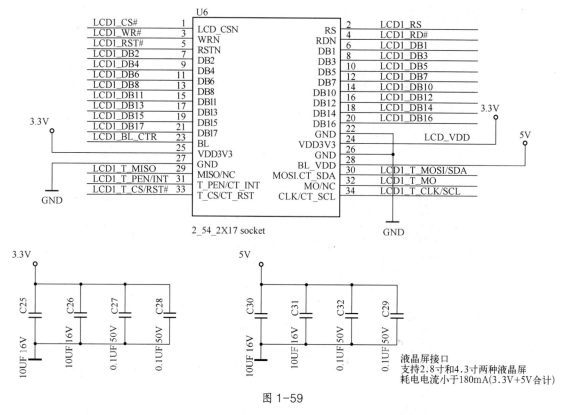

图 1-59

4×4 键盘矩阵电路图如图 1-60 所示。

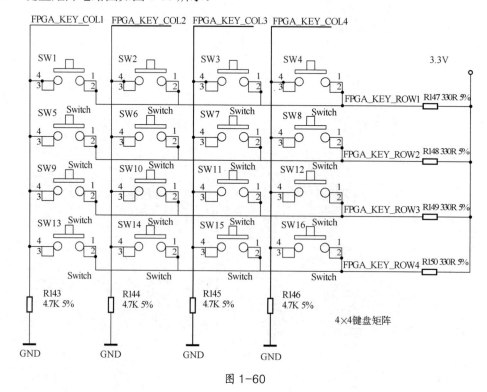

图 1-60

LRD 灯电路图如图 1-61 所示。

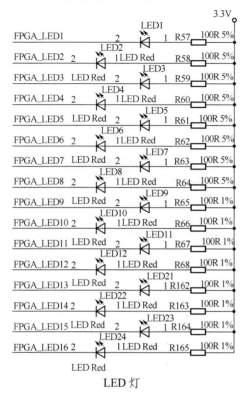

LED 灯

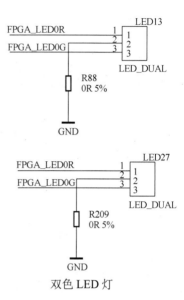

双色 LED 灯

图 1-61

第 2 章
数字逻辑与数字电路实践

2.1　三人表决电路实验

2.1.1　实验类别

本实验为验证型实验。

2.1.2　实验目的

① 验证三人表决电路的功能。

② 能够运用 Verilog HDL 进行组合电路的设计和仿真。

③ 熟悉 Vivado 的设计流程，并进行硬件测试。

2.1.3　实验原理

三人表决电路中，当表决某个提案时，多数人同意，则提案通过，同时有一个人具有否决权；若全票否决，也会显示。

设输入为 A、B、C，且 A 具有否决权；同意用 1 表示，不同意用 0 表示；输出 X 为 1 时，表示提案通过；Y 为 1 时，表示提案全票否决。那么，三人表决电路的真值表如表 2-1 所示。

2.1.4　实验内容和要求

1. 三人表决电路的输入与仿真

学习软件平台和设计流程。利用 Vivado 完成三人表决电路的文本编辑输入和仿真测试等步骤，给出仿真波形。

表 2-1

A B C	X Y	A B C	X Y
0 0 0	0 1	1 0 0	0 0
0 0 1	0 0	1 0 1	1 0
0 1 0	0 0	1 1 0	1 0
0 1 1	0 0	1 1 1	1 0

2．设计实验方案

三人表决电路实验的结构框图如图 2-1 所示，输入信号 A、B、C 分别接拨码开关 SW0、SW1、SW2，输出信号 X、Y 分别接指示灯 LED1、LED2。

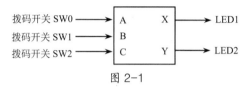

图 2-1

3．硬件测试

根据实验方案创建约束文件，绑定引脚，并下载到实验箱的 FPGA 实验板上进行硬件测试。读者应熟悉硬件平台，特别需要掌握利用拨码开关输入表决情况，利用 LED 灯观察表决结果的方法；做好实验记录，验证三人表决电路的功能。

4．撰写实验报告

参考附录 C 的格式撰写实验报告，实验报告内容包括：程序设计、仿真分析、硬件测试和实验操作步骤，以及源程序代码、仿真波形图、数据记录和实验结果分析等。

2.1.5 实验步骤

1．创建工程

在 E 盘上新建一个文件夹 JG3，然后根据以下 4 个步骤将实验 2.1 的工程 JG3 创建在该文件夹中，新建的工程名称为 JG3，并指定 FPGA 器件。

① 启动 Vivado 软件，选择"File → Project → New"菜单命令，在出现的新建工程向导中，单击"Next"按钮，然后输入工程名称"JG3"，选择工程的文件位置"E:/JG3"，再单击"Next"按钮，如图 2-2 所示。

② 在出现的对话框中选择"RTL Project"，然后勾选"Do not specify sources at this time"。

③ 指定 FPGA 器件。在筛选器的"family"中选择"Artix-7"，"package"选择为"fbg676"，在筛选得到的型号中选择"xc7a200tfbg676-2"。

④ 出现总结界面，单击"Finish"按钮，完成工程的创建，如图 2-3 所示。

2．模块设计

（1）添加源文件

Verilog HDL 代码都是以".v"为后缀名的文件，可以在其他文件编辑器中写好，再添加到新建的工程中，也可以在工程中新建一个文件后进行编辑。

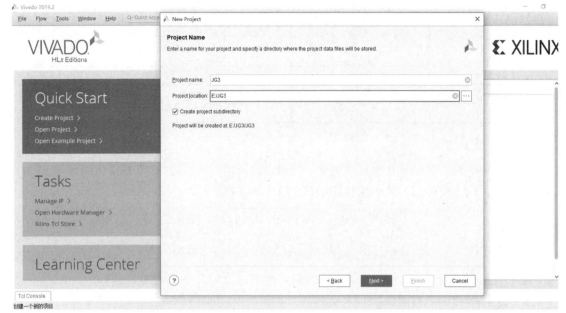

图 2-2

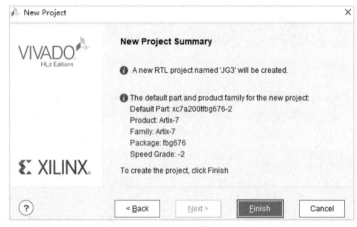

图 2-3

（2）添加已有 Verilog HDL 文件

方法为：在左侧工程管理区（PROJECT MANAGER）中单击"Add Sources"，在出现的对话框中选择"Add or create design sources"（如图 2-4 所示）；单击"Next"按钮，出现如图 2-5 所示的对话框，从中可以按文件添加或者按文件夹添加源文件。如果已经编辑好了设计文件，则单击"Add Files"按钮，选择"JG3.v"（如图 2-6 所示），单击"OK"按钮即可。

（3）在工程中创建 Verilog HDL 文件

方法为：在图 2-5 所示的对话框中单击"Create File"按钮，然后在出现的对话框中输入文件名"JG3"（如图 2-7 所示），再单击"OK"按钮。

三人表决电路的功能描述风格的 Verilog HDL 参考设计代码见图 2-6。三人表决电路 JG3 有一个 3 位的表决数据输入端 ABC，产生 1 位的表决结果 X 和全票否决信号 Y。提供的参考设计代码中，使用了多分支语句来实现三人表决电路的功能。

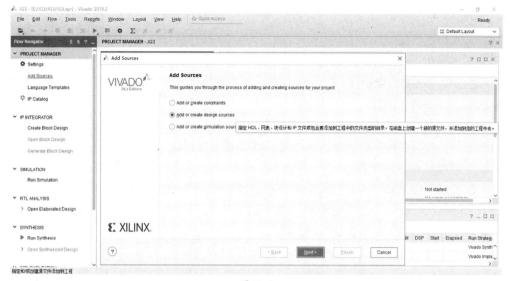

图 2-4

图 2-5

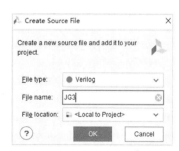

图 2-6

图 2-7

3．功能仿真

（1）仿真测试模块

在进行功能仿真时，需要先建立一个测试模块。一个比较完备的测试模块能够产生输入激励信号，送入要测试的功能模块，然后读出该功能模块的执行结果，并与预期的结果进行比较，以此验证功能模块的正确性。

本实验中需要产生的输入激励就是 3 位表决数据，输入到表决器后，会输出表决结果和全票否决信号。仿真的过程中会产生波形文件，可以通过观察波形文件确定功能的正确性，在出错的情况下可以定位错误位置。

在工程管理区中单击"Add Sources"，在弹出的对话框中选中"Add or create simulation sources"（如图 2-8 所示），在弹出的对话框中添加"JG3_tb.v"。 添加成功后，工程管理区的 JG3_tb.v 前面有 ⁂ top 标志（如图 2-9 所示）。

图 2-8

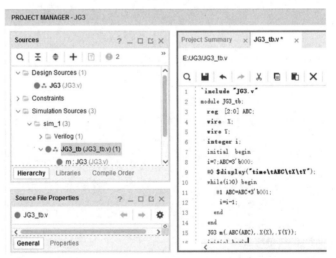

图 2-9

（2）波形仿真

在工程管理区中单击"Run Simulation"，然后在弹出的对话框中选择"Run Behavioral Simulation"，如果没有语法错误，就会弹出仿真波形界面（如图 2-10 所示），通过放大、缩小、缩放到全屏三个按钮和鼠标单击波形界面，可以观察特定波形区域的信息。

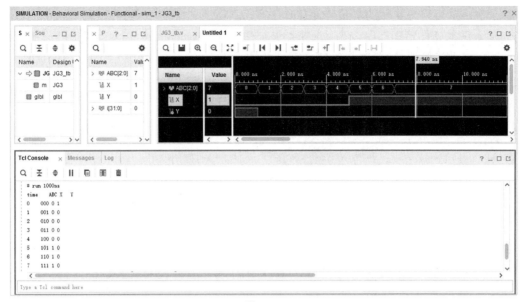

图 2-10

在仿真界面左上方的"Scopes"（图 2-10 左上第一个窗格）中选择要观察信号所在源文件对象，然后在"Objects"中（图 2-10 左上第二个窗格）可以看到该对象所有的信号，选中要观察的信号，单击右键，在弹出的快捷菜单中选择"Add To Wave Window"命令，添加该信号到波形窗口。可以检查几组数据，如 ABC=000 时，全票否决，X=0，Y=1，正确。

至此，代码编辑和功能仿真都已完成，模块功能测试正确无误后，就可以下载验证了。

4．实验方案设计

通过拨码开关 SW0、SW1、SW2 输入 A、B、C，用 LED1、LED2 的亮灭显示输出信号 X 和 Y，见图 2-1。

5．引脚绑定

设计好下载验证方案后，需要添加引脚绑定的约束文件，约束文件后缀名为 .xdc。约束文件就是将顶层模块 JG3 的输入输出端口与 FPGA 芯片的 IO 接口的引脚一一对应，实现 FPGA 实验板的输入和输出。

根据引脚对应关系表（见附录 D），确定左 1、左 2、左 3 拨码开关的引脚号。

实验箱放正，下面有一排拨码开关：模块 JG3.v 的输入信号中，ABC [2]可以由左 1 输入，FPGA_SW0 → AC21；ABC [1]由左 2 输入，FPGA_SW1→AD24；ABC [0]由左 3 输入：FPGA_SW2→AC22。

添加或创建约束文件的方法为：在工程管理区中单击"Add sources"，在弹出的对话框中选择"Add or create constraints"，然后单击"Next"按钮，添加或创建约束文件 JG3.xdc。

引脚绑定后，就可以对工程进行综合、布局布线和产生可烧写文件了。

6．文件下载

打开 FPGA 实验箱，将下载线与计算机相连后，打开电源。双击"Generate Bitstream"，会自动进行综合、布局布线并产生可烧写文件，可以选择"Open Implemented Design"查看实现结果。生成的可烧写文件的后缀名为.bit，在可烧写文件生成的窗格中选择"Open Hardware Manager"，进入硬件管理界面，然后选择"Open Target → Open New Target"（也可选择"Auto Connect"，自动连接器件），如图 2-11 所示；依次单击 Hardware Manager→Program Device→Program，调出编程器，选择可烧写的比特流文件（如图 2-12 所示）进行下载。

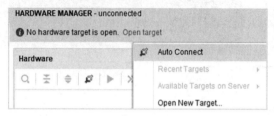

图 2-11

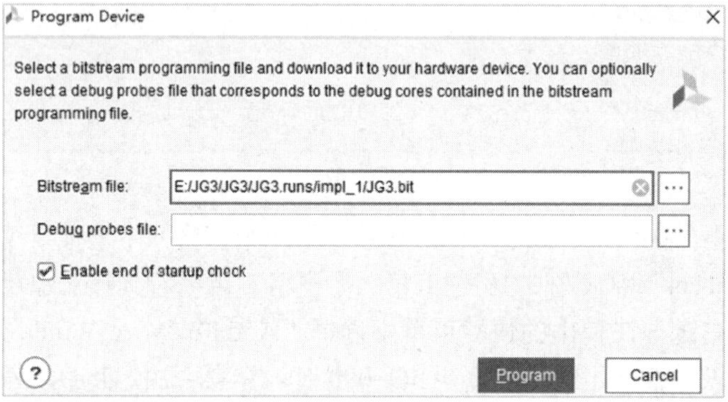

图 2-12

7．实验操作和数据记录

① 通过 3 个拨码开关输入三人表决的不同情况，从 2 个 LED 灯的亮灭观察表决结果。

② 数据记录。拨码开关拨上为 0，拨下为 1。LED 灯亮记为 0，灯灭记为 1。通过拨码开关 SW0、SW1、SW2 分别输入三人表决的不同情况，并将表决结果记录在表 2-2 中。

表 2-2

ABC[2]	ABC[1]	ABC[0]	X	Y

2.1.6 可研究与探索的问题

① 试用不同的方法设计这个三人表决电路，编译并仿真。

② 试用 Verilog HDL 设计一个 3 位二进制编码器，编译并仿真。

2.1.7 源代码

约束文件 JG3.xdc 源代码：

```
set_property PACKAGE_PIN AC21 [get_ports {ABC[2]}]
set_property PACKAGE_PIN AD24 [get_ports {ABC[1]}]
set_property PACKAGE_PIN AC22 [get_ports {ABC[0]}]

set_property PACKAGE_PIN H7 [get_ports X]
set_property PACKAGE_PIN D5 [get_ports Y]

set_property IOSTANDARD LVCMOS33 [get_ports {ABC[2]}]
set_property IOSTANDARD LVCMOS33 [get_ports {ABC[1]}]
set_property IOSTANDARD LVCMOS33 [get_ports {ABC[0]}]
set_property IOSTANDARD LVCMOS33 [get_ports X]
set_property IOSTANDARD LVCMOS33 [get_ports Y]
```

2.2 数据选择器实验

2.2.1 实验类别

本实验为设计型实验。

2.2.2 实验目的

① 设计一个 2 选 1 数据选择器。
② 进一步熟悉 Vivado 的 Verilog HDL 文本设计流程。
③ 具备组合电路的设计仿真和硬件测试能力。

2.2.3 实验原理

在数字信号的传输过程中，有时需要从多路输入数据中选出某一路数据，完成此功能的逻辑器件称为数据选择器，即多路开关（Multiplexer，简称 MUX）。

2 选 1 数据选择器能在选择信号 s 的控制下，从两路输入信号 a 和 b 中选择其中的一路数据送到输出端 y，功能如表 2-3 所示。

表 2-3

s	y
0	a
1	b

2.2.4 实验内容和要求

1．设计数据选择器

利用 Vivado 完成 2 选 1 数据选择器的工程创建和仿真测试等步骤，给出仿真波形。

2．设计实验方案

设计实验方案，画出结构框图。

3．硬件测试

生成下载文件、下载并进行硬件测试实验，根据实验结果分析数据选择器的功能。

4．撰写实验报告

实验报告包括：程序设计、仿真分析、硬件测试和实验操作步骤；源程序代码、仿真波形图、数据记录及实验结果分析等。

2.2.5 实验步骤

1．代码设计

根据 2 选 1 数据选择器的功能，编写功能描述风格的 Verilog HDL 代码 mux21.v，并设计 2 选 1 数据选择器仿真测试文件 mux21_tb.v。

2．创建工程

在 E 盘上新建一个文件夹 MUX21，存放 2 选 1 数据选择器的设计源代码 mux21.v 和仿真测试代码 mux21_tb.v，然后从中创建本实验的工程。

启动 Vivado 软件，选择"File → Project → New"菜单命令，出现新建工程向导，单击"Next"按钮，输入工程名称"mux21"，选择工程的文件位置 E:/MUX21。

3．添加设计模块

在工程中添加 2 选 1 数据选择器的设计文件 mux21.v 和仿真测试文件 mux21_tb.v，并指定 FPGA 器件的型号为"Artix-7"的"xc7a200tfbg676-2"。

4．功能仿真

在工程管理区中单击"Run Simulation"，在弹出的对话框中选择"Run Behavioral Simulation"进行功能仿真。

5．实验方案设计

通过拨码开关输入 s、a、b，用 LED1 的亮灭显示输出信号 y。

6．创建约束文件

通过查附录 D 中的"引脚对应关系表"决定引脚号，并记入表 2-4。

表 2-4

信号名	s	a	b	y
引脚号				

在工程管理区中单击"Add Sources"，在弹出的对话框中选中"Add or create constraints"，然后单击"Next"按钮，添加或创建约束文件 MUX21.xdc。

7．生成下载文件

打开 FPGA 实验箱，将下载线与计算机相连，打开电源。双击"Generate Bitstream"，会自动进行综合、布局布线，并产生可烧写文件 mux21.bit。

在可烧写文件生成完成的窗口中选择"Open Hardware Manager"，进入硬件管理界面，在"Hardware Manager"窗口的提示信息中选择"Open target → Open New Target"，或选择"Auto Connect"，自动连接器件。

8. 下载

依次单击"Hardware Manager → Program Device → Program"，在硬件管理界面下调出编程器，选择可烧写的 mux21.bit 流文件进行下载。

9. 实验操作与数据记录

① 通过拨码开关输入信号的不同取值情况，从 LED 灯的亮灭观察输出结果。

② 数据记录。拨码开关拨上为 0，拨下为 1。LED 灯亮记为 0，灯灭记为 1。请设计实验记录表，并将输出的结果记录下来。

2.2.6 可研究与探索的问题

① 试用 Verilog HDL 设计一个 8 位 4 选 1 数据选择器，编译并仿真。
② 试用 Verilog HDL 设计一个 2 路数据分配器，编译并仿真。

2.2.7 源代码

① 请将以下设计代码补充完整。

```
// mux21.v
module mux21(a, b, s, y);
    output _____;
    input _____;
    // 请在下面添加代码，完成 2 选 1 数据选择器功能
    /* Begin */




    /* End */
endmodule
```

② 请将以下测试代码补充完整。

```
// mux21_tb.v
`include "mux21.v"
module mux21_tb;
    reg _____;
    wire _____;
    // 请在下面添加代码，测试 2 选 1 数据选择器的功能
    /* Begin */




    /* End */
```

```
    mux21 m(.a(a),.b(b),.s(s),.y(y));
endmodule
```

③ 请将约束文件 mux21.xdc 源代码补充完整：

```
set_property PACKAGE_PIN _____ [get_ports _____]
set_property PACKAGE_PIN _____ [get_ports _____]
set_property PACKAGE_PIN _____ [get_ports _____]
set_property PACKAGE_PIN _____ [get_ports y]

set_property IOSTANDARD LVCMOS33 [get_ports _____]
set_property IOSTANDARD LVCMOS33 [get_ports _____]
set_property IOSTANDARD LVCMOS33 [get_ports _____]
set_property IOSTANDARD LVCMOS33 [get_ports y]
```

2.3   半加器和全加器实验

2.3.1   实验类别

本实验为验证型和设计型实验。

2.3.2   实验目的

① 验证半加器和全加器的功能。

② 熟悉利用 Vivado 设计简单组合电路的流程。

③ 具备采用 Verilog HDL 设计功能描述风格的 8 位加法器代码的能力。

2.3.3   实验原理

半加器可以实现两个 1 位二进制数的相加。a、b 为两个 1 位二进制数，不考虑来自低位的进位，a、b 相加的结果为 sum，产生的进位为 cout，称为半加，即 sum = a+b。

能够完成除了被加数 a、加数 b 相加之外，还要加上相邻低位的进位 cin 的电路，称为全加器，即 sum = a+b+cin，并产生进位 cout。

8 位加法器可以实现两个 8 位二进制数的相加。

2.3.4   实验内容和要求

① 完成半加器和全加器的设计输入，编译、综合、适配、仿真、实验板的硬件测试。

② 设计一个 8 位加法器，并完成编译、综合、适配、仿真和硬件测试。

③ 根据以上实验内容，撰写实验报告，包括：程序设计、软件编译、仿真分析、硬件测试和详细实验过程，程序分析报告、仿真波形图及其分析报告。

2.3.5 半加器实验步骤

1. 代码设计

根据半加器的功能，编写功能描述风格的 Verilog HDL 代码 hadder.v，请将以下设计代码补充完整。

```
// hadder.v
module hadder(a,b,cout,sum);
    // 请在下面添加代码，完成半加器功能
    /* Begin */
    output _____;
    output _____;
    input  _____;

    assign _____;
    /* End */
endmodule
```

根据半加器的功能，设计半加器仿真测试文件 hadder_tb.v，请将以下测试代码补充完整。

```
`include "hadder.v"
module hadder_tb;
    wire _____;
    wire _____;
    reg  _____;

    integer i;

    initial
    begin
        i = 7;
        a = 1'b0;
        b = 1'b0;
        #0 $display("time\ta\tb\tsum\tcout");
        while(i>0)
        begin
            #1 a = ~a;
            #2 b = ~b;
            i = i-1;
        end
    end
    hadder m(.a(a),.b(b),.cout(cout),.sum(sum));
endmodule
```

2. 创建工程

在 E 盘新建文件夹 H_ADDER，存放半加器的设计源代码 hadder.v 和仿真测试代码 hadder_tb.v，然后从中创建半加器的工程。

启动 Vivado 软件，在 Quick Start 中单击 "Create Project"，在出现的新建工程向导中单击 "Next" 按钮，输入工程名 "hadder"，选择工程的文件位置 E:/H_ADDER。

3．添加设计模块

在工程中添加半加器的设计文件 hadder.v 和仿真测试文件 hadder_tb.v，并指定 FPGA 器件的型号为"Artix-7"的"xc7a200tfbg676-2"。

4．功能仿真

在工程管理区中单击"Run Simulation"，在弹出的对话框中选中"Run Behavioral Simulation"，进行功能仿真。

5．实验方案设计

通过拨码开关分别输入两个 1 位二进制加数 a 和 b，用 LED 灯的亮和灭显示相加的和 sum 和进位 cout。

6．创建约束文件

通过查引脚对应关系表（见附录 D）决定引脚号，并记入表 2-5。

表 2-5

信号名	a	b	cout	sum
引脚号				

在工程管理区中单击"Add Sources"，在弹出的对话框中选中"Add or create constraints"，然后单击"Next"按钮，在弹出的对话框中添加或创建约束文件 hadder.xdc。

7．生成下载文件

打开 FPGA 实验箱，将下载线与计算机相连后，打开电源。双击"Generate Bitstream"，会自动进行综合、布局布线，并产生可烧写文件 hadder.bit。

在可烧写文件生成完成的窗格中选择"Open Hardware Manager"，进入硬件管理界面，在"Hardware Manager"窗格的提示信息中选择"Open Target → Open New Target"，或选择"Auto Connect"，自动连接器件。

8．下载

在硬件管理界面下调出编程器，选择可烧写的 hadder.bit 流文件，进行下载，即选择"Hardware Manager → Program Device → Program"。

9．实验操作与数据记录

① 通过拨码开关输入信号的不同取值情况，从 LED 灯的亮灭观察输出结果。

② 数据记录。拨码开关拨上为 0，拨下为 1。LED 灯亮记为 0，灯灭记为 1。请设计实验记录表，并记录输出的结果。

2.3.6 全加器实验步骤

1．代码设计

根据全加器的功能，编写功能描述风格的 Verilog HDL 代码 fadder.v，并设计全加器仿真测试文件 fadder_tb.v，请将以下测试代码补充完整。

```verilog
`include "_____"
module fadder_tb;
    wire  sum;
    wire  cout;
    reg  a,b;
    reg  cin;
    integer i;
    initial
    begin
        i=7;
        a=1'b0;
        b=1'b0;
        _____
    #0 $display("time\ta\tb\tcin\tsum\tcout");
    while(_____)
    begin
        #1 a=~a;
        #2 _____;
        #4 _____;
        i=i-1;
        end
    end
    _____m(.a(a),.b(b),.cin(cin),.sum(sum),.cout(cout));
    initial begin           // 此段代码用于 Icarus Verilog 开发环境，在 Vivado 里可以去掉
        $dumpfile("test.vcd");
        $dumpvars;
        $monitor("%g\t %b %b %b %b %b",$time,a,b,cin,sum,cout);        // 显示
        #60 $finish;
    end
endmodule
```

2．创建工程

在 E 盘上新建文件夹 F_ADDER，用于存放全加器的设计源代码 fadder.v 和仿真测试代码 fadder_tb.v，然后从中创建全加器的工程。

启动 Vivado 软件，在 Quick Start 中单击"Create Project"，在出现的新建工程向导中单击"Next"按钮，然后输入工程名"fadder"，选择工程的文件位置 E:/F_ADDER。

3．添加设计模块

在工程中添加全加器的设计文件 fadder.v 和仿真测试文件 fadder_tb.v，并指定 FPGA 器件的型号为"Artix-7"的"xc7a200tfbg676-2"。

4．功能仿真

在工程管理区中单击"Run Simulation"，然后在弹出的对话框中选中"Run Behavioral Simulation"，进行功能仿真。

5．实验方案设计

通过拨码开关分别输入两个 1 位二进制加数 a、b 和来自相邻低位的进位 cin，用 LED1、LED2 的亮和灭显示相加的和 sum 和进位 cout。

6．创建约束文件

通过查引脚对应关系表（见附录 D）决定引脚号，并记入表 2-6。

表 2-6

信号名	a	b	cin	cout	sum
引脚号					

在工程管理区中单击"Add sources"，在弹出的对话框中选中"Add or create constraints"，然后单击"Next"按钮，添加或创建约束文件 fadder.xdc。

7．生成下载文件

打开 FPGA 实验箱，将下载线与计算机相连后打开电源。双击"Generate Bitstream"，会自动进行综合、布局布线，并产生可烧写文件 fadder.bit。

在可烧写文件生成完成的窗格中选择"Open Hardware Manager"，进入硬件管理界面，在"Hardware Manager"窗格提示信息中选择"Open Target → Open New Target"，或选择"Auto Connect"自动连接器件。

8．下载

在硬件管理界面调出编程器，选择可烧写的 fadder.bit 流文件进行下载，即选择"Hardware Manager → Program Device → Program"。

9．实验操作与数据记录

① 通过拨码开关输入被加数 a、加数 b 和相邻低位的进位 cin 的不同取值情况，从 LED 灯的亮和灭观察输出的本位和 sum 和向相邻高位的进位 cout。

② 数据记录。拨码开关拨上为 0，拨下为 1。LED 灯亮记为 0，灯灭记为 1。请分别输入被加数 a、加数 b 和相邻低位的进位 cin 的不同取值组合，并将相加的结果记录在表 2-7 中。

表 2-7

ain	bin	cin	cout	sum

2.3.7 可研究与探索的问题

① 试用 Verilog HDL 设计一个 8 位加法器设计，编译并仿真。

② 试用 Verilog HDL 设计一个 8 位可逆加法器设计：实现两个 8 位二进制数的加减法，编译并仿真。

2.3.8 源代码

① 请将约束文件 hadder.xdc 源代码补充完整：

```
set_property PACKAGE_PIN _____ [get_ports _____]
set_property PACKAGE_PIN _____ [get_ports _____]
set_property PACKAGE_PIN _____ [get_ports sum]
set_property PACKAGE_PIN _____ [get_ports cout]

set_property IOSTANDARD LVCMOS33 [get_ports _____]
set_property IOSTANDARD LVCMOS33 [get_ports _____]
set_property IOSTANDARD LVCMOS33 [get_ports sum]
set_property IOSTANDARD LVCMOS33 [get_ports cout]
```

② 请将约束文件 fadder.xdc 源代码补充完整：

```
set_property PACKAGE_PIN _____ [get_ports _____]
set_property PACKAGE_PIN _____ [get_ports _____]
set_property PACKAGE_PIN _____ [get_ports _____]
set_property PACKAGE_PIN _____ [get_ports sum]
set_property PACKAGE_PIN _____ [get_ports cout]

set_property IOSTANDARD LVCMOS33 [get_ports _____]
set_property IOSTANDARD LVCMOS33 [get_ports _____]
set_property IOSTANDARD LVCMOS33 [get_ports _____]
set_property IOSTANDARD LVCMOS33 [get_ports sum]
set_property IOSTANDARD LVCMOS33 [get_ports cout]
```

2.4 七段数码显示译码器实验

2.4.1 实验类别

本实验为验证型和设计型实验。

2.4.2 实验目的

① 验证十六进制七段数码显示译码器的功能。

② 熟悉 Vivado 的设计流程，具备组合电路的设计仿真和硬件测试能力。

③ 具备采用 Verilog HDL 设计译码器仿真测试代码的能力。

2.4.3 实验原理

七段数码显示译码器是组合电路，通常的小规模专用 IC，如 74 或 4000 系列的器件只对二-十进制 BCD 码进行译码。然而数字系统中的数据处理和运算用的都是二进制，输出结果也是二进制的。每 4 位二进制数可以转换为 1 位十六进制数，利用数码管直观显示。为了满足十六进制数的译码显示需求，可以用硬件描述语言设计出十六进制七段数码显示译码器，利用 FPGA/CPLD 来实现。

七段译码器的输出信号的 7 位分别接如图 2-13 所示共阴数码管的 7 个段，高位在右，低位在左。例如，当输出信号为"01011011"时，数码管的 7 个段 a、b、c、d、e、f、g 分别接 1、0、1、1、0、1、1；接有高电平的段发亮，于是数码管显示"5"。注意，这里表示小数点的发光管对应最高位，接 0。

双位数码管（如图 2-14 所示）的控制原理图如图 2-15 所示。管脚 1、2、3、4、6、7、8、9 分别控制点亮数码管的某段 LED，高电平有效；管脚 5 和 10 分别控制显示哪个数字位，低电平有效。

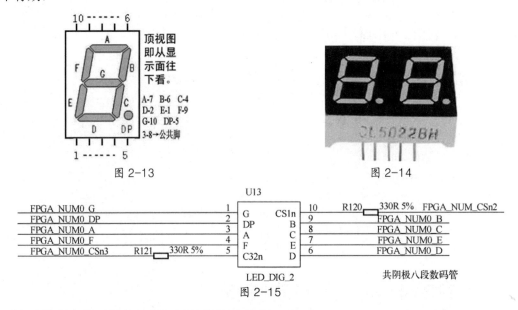

图 2-13　　　　　　　　　　　　　图 2-14

图 2-15

实验箱所有数码管都使用相同的数据信号线，由 FPGA_NUM_CSn0～FPGA_NUM_CSn7 控制选择显示哪一位。如果想让一个模块中的两个数码管都点亮，并且显示不同的数字，就需要利用人眼的暂留效应，对每个要显示的数码管进行动态扫描，即在极短时间（少于 200 ms）内依次循环显示。

2.4.4 实验内容和要求

1. 实验方案设计

七段数码显示译码器实验的设计框图如图 2-16 所示，4 位二进制数 num 通过 4 个拨码开关输入，8 位译码输出结果 num1_seg7 接共阴极七段数码管的数据信号线 DP 和 a～g，2 位输出信号 num1_scan_select 接数码管片选信号线。

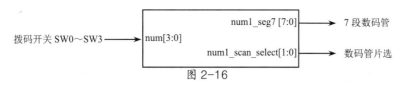

图 2-16

2. 代码测试与仿真

七段数码显示译码器设计采用 case 语句对数码管的 7 个段分别进行赋值 0 或 1,实现十六进制数码的显示。请修改例 2-1 代码中的 3 个错误语句,并说明各语句的含义和该例的整体功能。在 Vivado 上对本例进行编辑、综合、适配、仿真,给出其所有信号的仿真波形。

【例 2-1】

```verilog
module decl7s(num, num1_scan_select, num1_seg7);
    input  [3:0] num;
    output [1:0] num1_scan_select;        // FPGA_NUM1 七段数码管的片选扫描位
    output [7:0] num1_seg7;               // 驱动 FPGA_NUM1 共阴极七段数码管显示 DP 和 a～g
    reg  num1_seg7;                       // 错误语句 1,请修改

    assign num1_scan_select = 2'b10;
    always@(num)
      case(num)
        4'b0000 : num1_seg7 <= 8'b01111110;        // 0
        4'b0001 : num1_seg7 <= 8'b00110000;        // 1
        4'b0010 : num1_seg7 <= 8'b01101101;        // 2
        4'b0011 : num1_seg7 <= 8'b01111001;        // 3
        4'b0100 : num1_seg7 <= 8'b00110010;        // 4,错误语句 2,请修改
        4'b0101 : num1_seg7 <= 8'b01011011;        // 5
        4'b0110 : num1_seg7 <= 8'b01011111;        // 6
        4'b0111 : num1_seg7 <= 8'b01110000;        // 7
        4'b1000 : num1_seg7 <= 8'b01111111;        // 8
        4'b1001 : num1_seg7 <= 8'b01111011;        // 9
        4'b1010 : num1_seg7 <= 8'b01110111;        // A
        4'b1011 : num1_seg7 <= 8'b00011111;        // B
        4'b1100 : num1_seg7 <= 8'b11001010;        // C,错误语句 3,请修改
        4'b1101 : num1_seg7 <= 8'b00111101;        // D
        4'b1110 : num1_seg7 <= 8'b01001111;        // E
        4'b1111 : num1_seg7 <= 8'b01000111;        // F
        default : num1_seg7 <= 8'b01111110;        // 0
      endcase
endmodule
```

用输入总线的方式给出输入信号仿真数据,仿真波形如图 2-17 所示。

3. 引脚锁定及硬件测试

用 4 个拨码开关控制 4 位输入,数码管显示译码输出,验证译码器的工作性能。

4. 实验报告撰写

根据以上实验内容撰写实验报告,包括:程序设计、仿真分析、硬件测试和详细实验过程;给出程序分析报告、仿真波形图及其分析报告等。

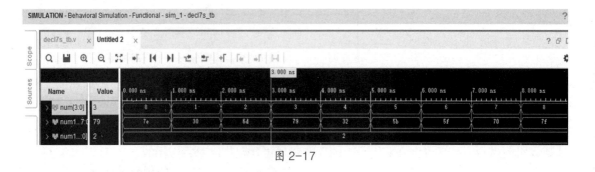

图 2-17

2.4.5 实验步骤

1. 创建工程

在 E 盘新建文件夹 DECL7S，其中存放译码器的设计源代码 decl7s.v 和仿真测试代码 decl7s_tb.v，然后从中创建本实验的工程。

启动 Vivado 软件，在 Quick Start 中单击"Create Project"，在出现的新建工程向导中单击"Next"按钮，然后输入工程名"decl7s"，选择工程的文件位置 E:/DECL7S。

2. 添加设计模块

在工程中添加译码器的设计文件 decl7s.v 和仿真测试代码 decl7s_tb.v，并指定 FPGA 器件的型号为"Artix-7"的"xc7a200tfbg676-2"。

3. 功能仿真

在工程管理区中单击"Run Simulation"，在弹出的对话框中选中"Run Behavioral Simulation"，进行功能仿真。

4. 实验方案设计

通过拨码开关分别输入 4 位二进制数 num，采用七段数码管显示译码输出结果 num1_seg7，而 num1_scan_select 用于选择第 6 个数码管。

5. 创建约束文件

根据引脚对应关系表（见附录 D），num1_scan_select[1]接 E26，num1_scan_select[0]接 G25。num1_seg7 分别接七段数码管的输入，num1_seg7[1]对应数码管的 f 段接 E6，num1_seg7[0]对应数码管的 g 段接 C3，请根据以上提示确定引脚号，并记入表 2-8。

表 2-8

信号名	num[3]	num[2]	num[1]	num[0]	num1_seg7[7]	num1_seg7[6]
引脚号						
信号名	num1_seg7[5]		num1_seg7[4]		num1_seg7[3]		num1_seg7[2]
引脚号							

在项目管理区中单击"Add Sources"，在弹出的对话框中选中"Add or create constraints"，然后单击"Next"按钮，添加或创建约束文件 decl7s.xdc。

6．生成下载文件

打开 FPGA 实验箱，将下载线与计算机相连后打开电源。双击"Generate Bitstream"，会自动进行综合、布局布线，并产生可烧写文件 decl7s.bit。

在可烧写文件生成完成的窗格中选择"Open Hardware Manager"，进入硬件管理界面，在"Hardware Manager"窗格的提示信息中选择"Open Target → Open New Target"，也可以选择"Auto Connect"自动连接器件。

7．下载

在硬件管理界面下调出编程器，选择可烧写的 decl7s.bit 流文件进行下载，即选择"Hardware Manager → Program Device → Program"。

8．实验操作与数据记录

① 通过 4 个拨码开关能输入 num 的不同取值，从数码管 6 观察译码输出结果。

② 数据记录。拨码开关拨上为 0，拨下为 1，分别输入 num 的不同取值，并将数码管 6 显示的译码输出结果记录在表 2-9 中。

表 2-9

num											
数码管 6 的显示											

2.4.6　可研究与探索的问题

① 用 Verilog HDL 设计一个十进制 BCD 码七段数码显示译码器并进行仿真及下载。

② 用 Verilog HDL 设计一个 3－8 优先编码器，允许同时输入两个以上编码信号，并按照事先规定的优先级别，对优先权最高的一个输入信号进行编码。

2.4.7　源代码

请将约束文件 decl7s.xdc 源代码补充完整：

```
set_property PACKAGE_PIN _____ [get_ports {num[3]}]
set_property PACKAGE_PIN _____ [get_ports {num[2]}]
set_property PACKAGE_PIN _____ [get_ports {num[1]}]
set_property PACKAGE_PIN _____ [get_ports {num[0]}]

set_property PACKAGE_PIN E26 [get_ports {num1_scan_select[1]}]
set_property PACKAGE_PIN G25 [get_ports {num1_scan_select[0]}]

set_property PACKAGE_PIN _____ [get_ports {num1_seg7[7]}]
set_property PACKAGE_PIN _____ [get_ports {num1_seg7[6]}]
set_property PACKAGE_PIN _____ [get_ports {num1_seg7[5]}]
set_property PACKAGE_PIN _____ [get_ports {num1_seg7[4]}]
set_property PACKAGE_PIN _____ [get_ports {num1_seg7[3]}]
set_property PACKAGE_PIN _____ [get_ports {num1_seg7[2]}]
set_property PACKAGE_PIN _____ [get_ports {num1_seg7[1]}]
```

```
set_property PACKAGE_PIN _____ [get_ports {num1_seg7[0]}]
set_property IOSTANDARD LVCMOS33 [get_ports {num[3]}]
set_property IOSTANDARD LVCMOS33 [get_ports {num[2]}]
set_property IOSTANDARD LVCMOS33 [get_ports _____]
set_property IOSTANDARD LVCMOS33 [get_ports _____]
set_property IOSTANDARD LVCMOS33 [get_ports {num1_scan_select[0]}]
set_property IOSTANDARD LVCMOS33 [get_ports {num1_scan_select[1]}]
set_property IOSTANDARD LVCMOS33 [get_ports {num1_seg7[7]}]
set_property IOSTANDARD LVCMOS33 [get_ports {num1_seg7[6]}]
set_property IOSTANDARD LVCMOS33 [get_ports _____]
set_property IOSTANDARD LVCMOS33 [get_ports _____]
set_property IOSTANDARD LVCMOS33 [get_ports _____]
set_property IOSTANDARD LVCMOS33 [get_ports _____]
set_property IOSTANDARD LVCMOS33 [get_ports _____]
set_property IOSTANDARD LVCMOS33 [get_ports _____]
```

2.5　计数器实验

2.5.1　实验类别

本实验属于验证型和设计型实验。

2.5.2　实验目的

① 验证同步十六进制计数器的功能，掌握层次化设计的方法。
② 熟悉 Vivado 的设计流程，掌握时序电路的设计仿真和硬件测试方法。
③ 具备采用 Verilog HDL 设计十六进制计数器仿真测试代码的能力。

2.5.3　实验原理

计数器能记忆输入脉冲的个数，用于定时、分频、产生节拍脉冲及数字运算等。加法计数器每输入一个计数脉冲 CP，计数器的计数值加 1。十六进制计数即从 0000 一直计数到 1111；当计数到 1111 时，若再来一个 CP 脉冲，则回到 0000，同时产生进位 1。

2.5.4　实验内容和要求

1. 代码完善

同步十六进制计数器设计采用 if-else 语句对计数器的输出分别进行赋值，能实现对输入脉冲的计数，并具有使能和异步清零功能。请找到例 2-2 代码中的两个错误语句并修改，试说明各语句的含义及本例的整体功能。在 Vivado 上对本例进行编辑、编译、综合、适配、仿真，给出其所有信号的仿真波形。

【例 2-2】

```
module counter(en, clk, clr, cout, outy);
    input en, clk, clr;                    // 计数器的使能、时钟和清零信号输入端
    output [3:0]outy;                      // 计数器的计数输出端
    output [3:0]cout;                      // 计数器的进位输出端
    reg [3:0]outy;
    always @(posedge clk or posedge clr)
    begin
        if(clr)
            outy<=4'b1111;
        else if(en)
        begin
            if(outy==4'b1111)
                outy<=4'b0000;
            else
                outy<=outy+1'b1;
        end
    end
    assign cout = ((outy==4'b1111) & en)?1:0;
endmodule
```

2．计数器加译码器设计

设计顶层电路模块 counter_decl7s.v，调用 4 位二进制加法计数器 counter 和显示译码器 decl7s，将计数器的计数结果送入显示译码器的输入端，驱动数码管显示计数值。建议选用数码管 6 显示译码输出，时钟输入可以选用单步按钮（每按 1 次键为 1 个时钟脉冲）或接拨码开关（每拨 2 次开关为 1 个时钟脉冲）。

3．实验报告撰写

根据以上实验内容，撰写实验报告，包括：程序设计、仿真分析、硬件测试和详细实验过程，程序分析报告、仿真波形图及其分析报告等。

2.5.5 实验步骤

1．计数器加译码器代码设计

① 根据计数器的实验设计，编写顶层电路模块 Verilog HDL 代码 counter_decl7s.v，请将以下顶层代码补充完整。

```
module  counter_decl7s(ena, clock, rst, co, num1_scan_select, num1_seg7);
    input ena, clock, _____;
    output [7:0] num1_seg7;                // 驱动 FPGA_NUM1 共阴极七段数码管显示 DP 和 a~g
    output _____;
    output [1:0] num1_scan_select;         // FPGA_NUM1 七段数码管的片选扫描位
    wire [3:0] outy;
    counter _____;
    decl7s  _____;
endmodule
```

② 根据 4 位二进制加法计数器的功能，编写计数器功能仿真测试模块 counter_tb.v，请将

以下测试代码补充完整。类似地，设计好计数器实验顶层模块的仿真测试代码。

```verilog
`timescale 1ns/1ns
`include "counter.v"
module counter_tb;
   parameter bit_width=4;
   reg _____;
   wire[bit_width-1:0] outy;
   wire cout;
   initial
   begin
      clk<=0;
      clr<=1;
      en<=0;
      #0 $display("time\ten\tclk\tclr\tcout\touty");
      #5 clr<= _____;
      en<= _____;
   end
   always #1 clk=~clk;
   counter _____;
endmodule
```

2．创建工程

在 E 盘新建文件夹 COUNTER，其中存放计数器加译码器的设计源代码 counter_decl7s.v、counter.v、decl7s.v 和仿真测试代码 counter_tb.v、counter_decl7s_tb.v，然后从中创建实验的工程 counter_decl7s。

3．添加设计模块

在工程中添加计数器实验的设计文件和仿真测试文件，指定 FPGA 器件的型号为"Artix-7"的"xc7a200tfbg676-2"。

4．功能仿真

分别对 4 位二进制加法计数器模块 counter.v 和计数器实验顶层模块 counter_decl7s.v 的功能进行仿真。

5．实验方案设计

通过拨码开关分别控制使能和清零信号，单步按钮（按下为 0，松开为 1）作为计数脉冲输入，数码管显示译码输出的计数值，LED 灯用于显示进位输出，而 num1_scan_select 用于选择第几个数码管。

6．创建约束文件

根据引脚对应关系表（见附录 D）决定引脚号，并记入表 2-10。

表 2-10

信号名											
引脚号											

在项目管理区中单击"Add Sources"，在弹出的对话框中选中"Add or create constraints"，然后单击"Next"按钮，添加或创建约束文件 counter_decl7s.xdc。

7. 下载

在硬件管理界面下调出编程器，选择可烧写的 decl7s.bit 流文件进行下载，即选择"Hardware Manager → Program Device → Program"。

8. 实验操作与数据记录

按拨码开关 1 先使计数器清零，再按拨码开关 2 使计数器工作，通过单步按钮（按下为 0，松开为 1）输入计数脉冲，从数码管 6 观察计数输出结果，从 LED 灯观察进位输出。请自行设计数据记录表并记录实验结果。

2.5.6　可研究与探索的问题

① 设计一个 8 位二进制加法计数器，包含计数使能端（en）和异步清零端（clrn），并仿真及下载。清零端低电平有效，即当 clr = 0 时，8 位输出端清 0。当 clr = 1， en 为高电平时，开始计数；en 为低电平时，停止计数。

② 设计一个模 12 计数器，包含计数使能端（en）和同步清零端（clr）。当 en 为高电平时，开始计数，为低电平时，停止计数，并仿真及下载。

2.5.7　源代码

请将约束文件 counter_decl7s.xdc 源代码补充完整：

```
set_property  PACKAGE_PIN  _____  [get_ports clock]
set_property  CLOCK_DEDICATED_ROUTE  FALSE [get_nets clock_IBUF]
#因为 Vivado 默认不支持用按键做 always 语句的触发条件，所以要加上以上的语句

set_property  PACKAGE_PIN  _____  [get_ports ena]
set_property  PACKAGE_PIN  _____  [get_ports _____]
set_property  PACKAGE_PIN  _____  [get_ports _____]

set_property  PACKAGE_PIN  _____  [get_ports {num1_scan_select[1]}]
set_property  PACKAGE_PIN  _____  [get_ports {num1_scan_select[0]}]

set_property  PACKAGE_PIN  C4  [get_ports {num1_seg7[7]}]
set_property  PACKAGE_PIN  A2  [get_ports {num1_seg7[6]}]
set_property  PACKAGE_PIN  D4  [get_ports {num1_seg7[5]}]
set_property  PACKAGE_PIN  E5  [get_ports {num1_seg7[4]}]
set_property  PACKAGE_PIN  _____  [get_ports {num1_seg7[3]}]
set_property  PACKAGE_PIN  _____  [get_ports {num1_seg7[2]}]
set_property  PACKAGE_PIN  E6  [get_ports {num1_seg7[1]}]
set_property  PACKAGE_PIN  C3  [get_ports {num1_seg7[0]}]

set_property  IOSTANDARD  LVCMOS33 [get_ports {num1_scan_select[0]}]
set_property  IOSTANDARD  LVCMOS33 [get_ports {num1_scan_select[1]}]
set_property  IOSTANDARD  LVCMOS33 [get_ports {num1_seg7[7]}]
```

```
set_property IOSTANDARD LVCMOS33 [get_ports {num1_seg7[6]}]
set_property IOSTANDARD LVCMOS33 [get_ports {num1_seg7[5]}]
set_property IOSTANDARD LVCMOS33 [get_ports {num1_seg7[4]}]
set_property IOSTANDARD LVCMOS33 [get_ports {num1_seg7[3]}]
set_property IOSTANDARD LVCMOS33 [get_ports {num1_seg7[2]}]
set_property IOSTANDARD LVCMOS33 [get_ports {num1_seg7[1]}]
set_property IOSTANDARD LVCMOS33 [get_ports {num1_seg7[0]}]
set_property IOSTANDARD LVCMOS33 [get_ports _____]
set_property IOSTANDARD LVCMOS33 [get_ports _____]
set_property IOSTANDARD LVCMOS33 [get_ports _____]
set_property IOSTANDARD LVCMOS33 [get_ports _____]
```

2.6　移位寄存器实验

2.6.1　实验类别

本实验为设计型实验。

2.6.2　实验目的

① 设计一个 8 位双向移位寄存器，理解移位寄存器的工作原理，掌握串入/并出端口控制的描述方法。

② 熟悉 Vivado，掌握层次化设计的方法，具备使用 Verilog HDL 编程、仿真并进行硬件测试的能力。

2.6.3　实验原理

移位寄存器不仅具有存储代码的功能，在移位脉冲作用下，还有左移、右移等功能。设计一个 8 位二进制双向移位寄存器，能实现数据保持、右移、左移、并行置入和并行输出等功能，要求有 3 种输入方式：8 位并行输入、1 位左移串行输入、1 位右移串行输入，有一种输出方式：8 位并行输出。

双向移位寄存器的工作过程如下。

① 当 1 位数据从左移串行输入端输入时，先进入内部寄存器最高位，并在并行输出口最高位输出，后由同步时钟的上升沿触发向左移位。

② 当 1 位数据从右移串行输入端输入时，先进入内部寄存器最低位，并在并行输出口的最低位输出，后由同步时钟的上升沿触发向右移位。

2.6.4　实验内容和要求

1.8 位双向移位寄存器设计

通过 Verilog HDL 编程，实现双向移位寄存器，其模块图如图 2-18 所示。

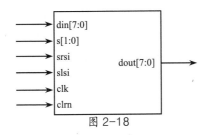

图 2-18

其输入、输出端口设计具体要求如下。

❖ clrn：异步清零信号，低电平有效，为 clr=0 时，8 位输出端清 0。

❖ clk：移位寄存器时钟脉冲输入，上升沿有效。

❖ srsi：串行右移输入端。

❖ slsi：串行左移输入端。

❖ din：8 位的并行数据输入端。

❖ dout：8 位数据并行输出端。

❖ s：2 位控制端，为 00 时，8 位输出端保持原来的状态不变；为 01 时，允许串行左移输入 1 位数据；为 10 时，允许串行右移输入 1 位数据；为 11 时，允许 8 位数据从并行端口输入。

2．仿真测试

完成移位寄存器的设计编辑和仿真测试等步骤，给出仿真波形。

3．硬件实现

在硬件实现中有不同的设计方案，读者可以自行设计其他方案，不必拘泥于设计示例。

（1）方案一

用实验平台的按键实现时钟输入，拨码开关实现控制端、清零、左右串入，建议使用计数器实现数据输入，用实验平台的数码管显示并行输入的数据，8 个 LED 灯显示并行输出的数据。将具体输入方式填入表 2-11。输出方式请自行设计表格并填写好。

表 2-11

信号名										
按键名										
引脚号										
功　能										

（2）方案二

设计一个外围模块去调用该双向移位寄存器模块，如图 2-19 所示。外围模块需调用封装好的 LCD 触摸屏模块，观察双向移位寄存器的输入、输出和控制信号的值等；并且，需要利用触摸功能输入并行数据、控制信号和串行左、右移的数据，以达到实时观察并行输出变化的效果，充分验证双向移位寄存器的功能。

4．设计实验方案

根据以上实验内容设计实验方案，进行项目设计、功能仿真和编译下载，完成实验操作并做好数据记录。

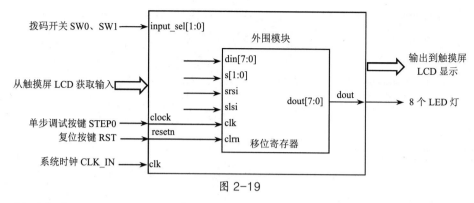

图 2-19

5．撰写实验报告

撰写实验报告，包括：程序设计、仿真分析、硬件测试和详细实验过程，程序分析报告、仿真波形图及其分析报告等。

2.6.5　实验步骤（方案二）

1．创建工程

在 E 盘新建文件夹 SHIFTER_DISPLAY，然后从中创建移位寄存器实验的工程。

启动 Vivado 软件，选择"File → Project → New"菜单命令，在出现的新建工程向导中单击"Next"按钮，输入工程名"shifter"，选择工程的文件位置 E:/SHIFTER_DISPLAY。

指定 FPGA 器件，在筛选器的"family"中选择"Artix-7"，"package"选择为"fbg676"，在筛选得到的型号中选择"xc7a200tfbg676-2"。

2．模块设计

① 添加源文件。本实验中，shifter.v 为移位寄存器实验的主体代码。

② 添加外围展示模块。根据实验设计方案二，还需要一个外围模块 shifter_display.v，该外围模块调用 shifter.v 和触摸屏模块，以便在实验箱上测试实验结果。在其他文件编辑器中写好，再把该模块添加到工程中。

在项目管理区中单击"Add Sources"，在弹出的对话框中选中"Add or create design sources"，单击"Next"按钮，在弹出的对话框中选择"Add Files → shifter_display.v"和"lcd_module.dcp"，然后单击"OK"按钮。添加成功后，结果如图 2-20 所示。

至此，代码实现都已经完成，下面需要对代码功能进行仿真，验证功能的正确性。

3．功能仿真

（1）仿真测试模块

在进行功能仿真时需先建立测试模块 shifter_tb.v。在项目管理区中单击"Add Sources"，在弹出的对话框中选中"Add or create simulation sources"，然后添加"shifter_tb.v"。如果 shifter_tb.v 前面没有 top 标志，右击 shifter_tb.v，在弹出的快捷菜单中选择"Set as Top"命令。

（2）波形仿真

在项目管理区中单击"Run Simulation"，然后选中"Run Behavioral Simulation"，如果没有语法错误，会弹出仿真波形界面，可以通过观察波形验证移位寄存器的功能。

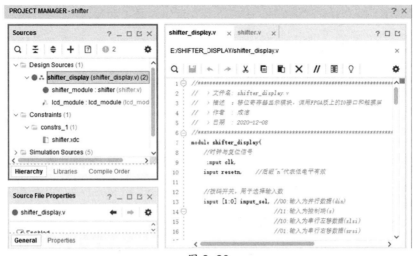

图 2-20

4. 实验方案设计

通过 LCD 触摸屏输入并行数据、控制信号和左右串入，并显示控制信号和并行输出数据。前面设计的外围展示模块 shifter_display.v 的功能是调用 LCD 触摸屏，完成下载进行验证。

通过拨码开关 SW0 和 SW1 选择输入数，拨上为 0，拨下为 1。拨码开关的取值与输入数的对应关系，请读者根据设计方案填入表 2-12 中。

表 2-12

拨码开关取值									
输入信号									

5. 引脚绑定

根据引脚对应关系表（见附录 D）确定左 1、左 2 拨码开关的引脚号：FPGA_SW0 为 AC21，FPGA_SW1 为 AD24。

添加或创建约束文件的方法为：在项目管理区中单击"Add Sources"，然后选中"Add or create constraints"，单击"Next"按钮，添加或创建约束文件 shifter.xdc。引脚绑定后，就可以对工程进行综合、布局布线和产生可烧写文件了。

6. 文件下载

打开 FPGA 实验箱，将下载线与计算机相连后打开电源。双击"Generate Bitstream"，会自动进行综合、布局布线，并产生可烧写文件。

在可烧写文件生成完成的窗格中选择"Open Hardware Manager"，进入硬件管理界面，在"Hardware Manager"窗格的提示信息中选择"Open Target → Auto Connect"，自动连接器件。

在硬件管理界面下调出编程器，选择可烧写的流文件 shifter_display.bit 进行下载，即选择"Hardware Manager → Program Device → Program"。

7. 实验操作与数据记录

① 通过拨码开关选择输入数，通过 LCD 触摸屏输入并行数据、控制信号和左右串入数据，观察输出的数据。

② 数据记录。通过 LCD 触摸屏，给移位寄存器输入若干并行数据、控制信号和左右串入数据，并记录结果，记录表的格式请自行设计。

2.6.6　可研究与探索的问题

① 在 8 位双向移位寄存器代码基础上，扩展移位位数，设计一个 32 位双向移位寄存器并进行仿真及下载。

② 使用 Verilog HDL 设计一个 8 位二进制循环移位寄存器，编译并仿真。

2.6.7　源代码（实验设计方案二）

① shifter_display.v 源代码：

```
// ******************************************************************
// > 文件名: shifter_display.v
// > 描述  : 移位寄存器显示模块，调用 FPGA 板的 IO 接口和触摸屏
// ******************************************************************
module shifter_display(
    // 时钟与复位信号
    input  clk,
    input  resetn,                      // 后缀"n"代表低电平有效

    // 拨码开关，用于选择输入数
    // 00：输入为并行数据(din)；11：输入为控制端(s)
    // 01：输入为串行左移数据(slsi)；10：输入为串行右移数据(srsi)
    input [1:0] input_sel,

    // 脉冲开关，用于产生脉冲 clock，实现单步执行
    _____,

    // 移位寄存器数据并行输出端
    output [7:0] dout,

    // 触摸屏相关接口，不需要更改
    output lcd_rst,
    output lcd_cs,
    output lcd_rs,
    output lcd_wr,
    output lcd_rd,
    inout [15:0] lcd_data_io,
    output lcd_bl_ctr,
    inout ct_int,
    inout ct_sda,
    output ct_scl,
    output ct_rstn
);
    // -----{调用 shifter 模块}begin
```

```
    reg _____;                        // shifter 并行数据输入端
    reg _____;                        // shifter 控制端
    reg _____;                        // shifter 串行右移输入端，串行左移输入端


    shifter shifter_module(.din(din), _____,.dout(dout));
    // -----{调用 shifter 模块}end


    // --------------------{调用触摸屏模块}begin--------------------//
    // -----{实例化触摸屏}begin
    // 此小节不需要更改
    reg  display_valid;
    reg  [39:0] display_name;
    reg  [31:0] display_value;
    wire [5 :0] display_number;
    wire input_valid;
    wire [31:0] input_value;


    lcd_module lcd_module(
        .clk(clk),                                // 10 MHz
        .resetn(resetn),


        // 调用触摸屏的接口
        .display_valid(display_valid ),
        .display_name(display_name  ),
        .display_value(display_value ),
        .display_number(display_number),
        .input_valid(input_valid),
        .input_value(input_value),


        // LCD 触摸屏相关接口，不需要更改
        .lcd_rst(lcd_rst),
        .lcd_cs(lcd_cs),
        .lcd_rs(lcd_rs),
        .lcd_wr(lcd_wr),
        .lcd_rd(lcd_rd),
        .lcd_data_io(lcd_data_io),
        .lcd_bl_ctr(lcd_bl_ctr),
        .ct_int(ct_int),
        .ct_sda(ct_sda),
        .ct_scl(ct_scl),
        .ct_rstn(ct_rstn)
    );
    // -----{实例化触摸屏}end


    // -----{从触摸屏获取输入}begin
    // 根据实际需要输入的数据修改此小节
    // 建议对每个数据的输入都编写单独的 always 块
    // 当 input_sel 为 00 时，表示输入并行数据，即 din
```

```
always @(posedge clk)
begin
    if (!resetn)
    begin
        din <= 4'd0;
    end
    else if (input_valid && input_sel==2'b00)
    begin
        din <= input_value[7:0];
    end
end

// 当 input_sel 为 11 时，表示输入数为控制端，即 s
always @(posedge clk)
begin
    if (!resetn)
    begin
        s <= 32'd0;
    end
    else if (input_valid && input_sel==2'b11)
    begin
        s <= _____;
    end
end

// 当 input_sel 为 01 时，表示输入数为串行左移数据，即 slsi
always @(posedge clk)
begin
    if (!resetn)
    begin
        slsi <= 32'd0;
    end
    else if (input_valid && input_sel==2'b01)
    begin
        _____ <= input_value[0];
    end
end

// 当 input_sel 为 10 时，表示输入数为串行右移数据，即 srsi
// -----{此处省略若干行，请自行编写}

// -----{从触摸屏获取输入}end

// -----{输出到触摸屏显示}begin
// 根据需要显示的数修改此小节，
// 触摸屏上共 44 块显示区域，可显示 44 组 32 位数据
// 44 块显示区域从 1 开始编号，编号为 1~44
always @(posedge clk)
begin
    case(display_number)
        6'd1:
```

```
                begin
                    display_valid <= 1'b1;
                    display_name <= "CLRN";
                    display_value <= resetn;
                end
            6'd2:
                begin
                    display_valid <= 1'b1;
                    display_name  <= "DIN";
                    display_value <= {24'b0,din};
                end
            6'd3:
                begin
                    display_valid <= 1'b1;
                    display_name  <= "S";
                    display_value <= _____;
                end
            6'd4:
                begin
                    display_valid <= 1'b1;
                    display_name  <= "SRSI";
                    display_value <= _____;
                end
            // -----{此处省略若干行，请自行编写}

            default :
                begin
                    display_valid <= 1'b0;
                    display_name  <= 40'd0;
                    display_value <= 32'd0;
                end
            endcase
        end
    // -----{输出到触摸屏显示}end
    // ---------------------{调用触摸屏模块}end---------------------//
endmodule
```

② 约束文件 shifter.xdc 源代码：

```
# 时钟信号连接系统时钟
set_property PACKAGE_PIN _____ [get_ports clk]
set_property IOSTANDARD LVCMOS33 [get_ports clk]


# 脉冲开关，用于输入作为复位信号，低电平有效
set_property PACKAGE_PIN _____ [get_ports resetn]
set_property IOSTANDARD LVCMOS33 [get_ports resetn]


# 脉冲开关，用于输入作为单步执行的 clock
set_property PACKAGE_PIN _____ [get_ports clock]
set_property CLOCK_DEDICATED_ROUTE FALSE [get_nets clock_IBUF]
```

```
set_property IOSTANDARD LVCMOS33 [get_ports clock]

# 拨码开关的设置，用于输入，依次为 SW0、SW1
set_property PACKAGE_PIN _____ [get_ports {input_sel[1]}]
set_property PACKAGE_PIN _____ [get_ports {input_sel[0]}]
set_property IOSTANDARD LVCMOS33 [get_ports {input_sel[1]}]
set_property IOSTANDARD LVCMOS33 [get_ports {input_sel[0]}]


# LED 灯的设置，用于输出 dout
set_property PACKAGE_PIN H7 [get_ports {dout[7]}]
set_property PACKAGE_PIN D5 [get_ports {dout[6]}]
set_property PACKAGE_PIN _____ [get_ports {dout[5]}]
set_property PACKAGE_PIN _____ [get_ports {dout[4]}]
set_property PACKAGE_PIN _____ [get_ports {dout[3]}]
set_property PACKAGE_PIN _____ [get_ports {dout[2]}]
set_property PACKAGE_PIN _____ [get_ports {dout[1]}]
set_property PACKAGE_PIN _____ [get_ports {dout[0]}]
set_property IOSTANDARD LVCMOS33 [get_ports {dout[7]}]
set_property IOSTANDARD LVCMOS33 [get_ports {dout[6]}]
set_property IOSTANDARD LVCMOS33 [get_ports {dout[5]}]
set_property IOSTANDARD LVCMOS33 [get_ports {dout[4]}]
set_property IOSTANDARD LVCMOS33 [get_ports {dout[3]}]
set_property IOSTANDARD LVCMOS33 [get_ports {dout[2]}]
set_property IOSTANDARD LVCMOS33 [get_ports {dout[1]}]
set_property IOSTANDARD LVCMOS33 [get_ports {dout[0]}]


# 触摸屏引脚连接
set_property PACKAGE_PIN J25 [get_ports lcd_rst]
set_property PACKAGE_PIN H18 [get_ports lcd_cs]
set_property PACKAGE_PIN K16 [get_ports lcd_rs]
set_property PACKAGE_PIN L8 [get_ports lcd_wr]
set_property PACKAGE_PIN K8 [get_ports lcd_rd]
set_property PACKAGE_PIN J15 [get_ports lcd_bl_ctr]
set_property PACKAGE_PIN H9 [get_ports {lcd_data_io[0]}]
set_property PACKAGE_PIN K17 [get_ports {lcd_data_io[1]}]
set_property PACKAGE_PIN J20 [get_ports {lcd_data_io[2]}]
set_property PACKAGE_PIN M17 [get_ports {lcd_data_io[3]}]
set_property PACKAGE_PIN L17 [get_ports {lcd_data_io[4]}]
set_property PACKAGE_PIN L18 [get_ports {lcd_data_io[5]}]
set_property PACKAGE_PIN L15 [get_ports {lcd_data_io[6]}]
set_property PACKAGE_PIN M15 [get_ports {lcd_data_io[7]}]
set_property PACKAGE_PIN M16 [get_ports {lcd_data_io[8]}]
set_property PACKAGE_PIN L14 [get_ports {lcd_data_io[9]}]
set_property PACKAGE_PIN M14 [get_ports {lcd_data_io[10]}]
set_property PACKAGE_PIN F22 [get_ports {lcd_data_io[11]}]
set_property PACKAGE_PIN G22 [get_ports {lcd_data_io[12]}]
set_property PACKAGE_PIN G21 [get_ports {lcd_data_io[13]}]
set_property PACKAGE_PIN H24 [get_ports {lcd_data_io[14]}]
```

```
set_property  PACKAGE_PIN  J16  [get_ports {lcd_data_io[15]}]
set_property  PACKAGE_PIN  L19  [get_ports ct_int]
set_property  PACKAGE_PIN  J24  [get_ports ct_sda]
set_property  PACKAGE_PIN  H21  [get_ports ct_scl]
set_property  PACKAGE_PIN  G24  [get_ports ct_rstn]

set_property  IOSTANDARD  LVCMOS33  [get_ports lcd_rst]
set_property  IOSTANDARD  LVCMOS33  [get_ports lcd_cs]
set_property  IOSTANDARD  LVCMOS33  [get_ports lcd_rs]
set_property  IOSTANDARD  LVCMOS33  [get_ports lcd_wr]
set_property  IOSTANDARD  LVCMOS33  [get_ports lcd_rd]
set_property  IOSTANDARD  LVCMOS33  [get_ports lcd_bl_ctr]
set_property  IOSTANDARD  LVCMOS33  [get_ports {lcd_data_io[0]}]
set_property  IOSTANDARD  LVCMOS33  [get_ports {lcd_data_io[1]}]
set_property  IOSTANDARD  LVCMOS33  [get_ports {lcd_data_io[2]}]
set_property  IOSTANDARD  LVCMOS33  [get_ports {lcd_data_io[3]}]
set_property  IOSTANDARD  LVCMOS33  [get_ports {lcd_data_io[4]}]
set_property  IOSTANDARD  LVCMOS33  [get_ports {lcd_data_io[5]}]
set_property  IOSTANDARD  LVCMOS33  [get_ports {lcd_data_io[6]}]
set_property  IOSTANDARD  LVCMOS33  [get_ports {lcd_data_io[7]}]
set_property  IOSTANDARD  LVCMOS33  [get_ports {lcd_data_io[8]}]
set_property  IOSTANDARD  LVCMOS33  [get_ports {lcd_data_io[9]}]
set_property  IOSTANDARD  LVCMOS33  [get_ports {lcd_data_io[10]}]
set_property  IOSTANDARD  LVCMOS33  [get_ports {lcd_data_io[11]}]
set_property  IOSTANDARD  LVCMOS33  [get_ports {lcd_data_io[12]}]
set_property  IOSTANDARD  LVCMOS33  [get_ports {lcd_data_io[13]}]
set_property  IOSTANDARD  LVCMOS33  [get_ports {lcd_data_io[14]}]
set_property  IOSTANDARD  LVCMOS33  [get_ports {lcd_data_io[15]}]
set_property  IOSTANDARD  LVCMOS33  [get_ports ct_int]
set_property  IOSTANDARD  LVCMOS33  [get_ports ct_sda]
set_property  IOSTANDARD  LVCMOS33  [get_ports ct_scl]
set_property  IOSTANDARD  LVCMOS33  [get_ports ct_rstn]
```

2.7 序列信号发生器实验

2.7.1 实验类别

本实验为设计型实验。

2.7.2 实验目的

① 设计一个 8 位序列信号发生器，理解序列信号发生器的工作原理，掌握并入、串出端口控制的描述方法。

② 熟悉 Vivado，掌握层次化设计的方法，具备使用 Verilog HDL 编程、仿真并进行硬件测试的能力。

2.7.3 实验原理

序列信号发生器可用于产生一组特定的由二进制码组成的脉冲序列信号。例如，在数字信号的传输和数字系统的测试中，需要用到一组特定的串行数字信号，就可以利用序列信号发生器产生该序列信号。

序列信号发生器的设计方法有多种。比如，可用计数器和数据选择器组成序列信号发生器，如需产生一个 8 位的序列信号 11010110（时间顺序为自左向右），则可用一个 3 位二进制计数器和一个 8 选 1 数据选择器组成。

2.7.4 实验内容和要求

1. 序列信号发生器设计

通过 Verilog HDL 编程，实现一个 8 位序列信号发生器，要求有 1 个时钟脉冲输入、1 个异步清零端、1 个 8 位预置数据输入端和 1 个串行数据输出端。

序列检测器输入、输出端口设计具体要求如下。

❖ clrn：异步清零信号，低电平有效。
❖ clk：时钟脉冲输入，上升沿有效。
❖ din：8 位预置数据输入端。
❖ ds：串行数据输出端。

序列信号发生器模块图如图 2-21 所示。

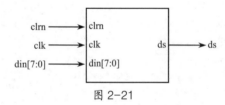

图 2-21

2. 仿真测试

完成序列信号发生器的设计编辑和仿真测试等步骤，给出仿真波形，了解串行数据输出端的时序。

根据 8 位序列信号发生器的功能，可用 3 位二进制计数器和 8 选 1 数据选择器组成此序列信号发生器。编写功能描述风格的 Verilog HDL 代码，请将以下设计代码补充完整。

```
// 8 位序列信号发生器 sequencer_module.v
module sequencer_module(clk, clrn, din, ds);
    input [7:0] din;
    input _____;
    _____;
    wire [2:0] count;
    counter _____;
    mux81 _____;
endmodule

// 3 位二进制计数器 counter.v
module counter(clk, clrn, count);
```

```
        input clk, clrn;
        _____;
        reg [2:0] count;
        always @(posedge clk or negedge clrn)
        begin
            if (!clrn)
            begin
                _____;
            end
            else
            begin
                _____;
            end
        end
    endmodule

    // 8选1数据选择器 mux81.v
    module mux81(count, din, ds);
        input [7:0] din;
        input [2:0] count;
        output ds;
        _____;
        always @(*)
            case ( count )
                3'd0 : ds <= din[7];        // 7
                3'd1 : _____;    // 6
                3'd2 : _____;    // 5
                       _____;    // 4
        // 此处省略若干行，请自行编写

                default:ds <= 1'b0;
            endcase
    endmodule
```

3. 方案设计

硬件实现有不同的方案，读者也可以自行设计其他方案，不必拘泥于设计示例。

（1）方案一

用复位按钮控制复位信号，单步调试按键控制工作时钟，将 8 位预置数据由拨码开关输入，串行数据输出端接 LED 灯，将具体引脚分配填入表 2-13。

表 2-13

信号名	clrn	clk	din	ds
按键名				
引脚号				
功　能				

（2）方案二

设计一个外围模块去调用该序列信号发生器模块，如图 2-22 所示。外围模块中需调用封装好的 LCD 触摸屏模块，观察序列信号发生器的输入、输出的值等。利用触摸功能输入预置的数据，实时观察输出的串行数据值的变化。

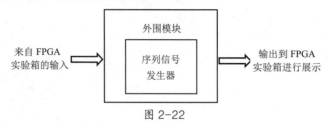

图 2-22

4．设计实验方案

根据设计的实验方案创建项目，进行功能仿真和编译下载，完成实验操作并记录数据。

如果采用实验设计方案一，建议下载后：① 用复位按钮控制复位；② 用 8 个拨码开关输入预置数据，如 "11010110"；③ 按单步调试按钮 8 次，产生 8 个时钟上升沿，这时预置输入数据的低位到高位依次显示于 LED 灯；④ 设计数据记录表并记录实验结果。

5．撰写实验报告

根据实验内容撰写实验报告，包括：程序设计、软件编译、仿真分析、硬件测试和详细实验过程，程序分析报告、仿真波形图及其分析报告。

2.7.5　可研究与探索的问题

① 在 8 位序列信号发生器代码基础上，扩展移位位数，设计一个 32 位序列信号发生器并进行仿真及下载。

② 在系统频率为 100 MHz 的情况下，试用 Verilog HDL 设计一个频率为 1 Hz 的信号发生器，编译并仿真。

2.8　序列检测器实验

2.8.1　实验类别

本实验为设计型实验。

2.8.2　实验目的

① 用状态机实现序列检测器的设计，了解一般状态机的设计与应用。
② 熟悉 Vivado，具备使用 Verilog HDL 编程、仿真并进行硬件测试的能力。

2.8.3　实验原理

序列检测器可用于检测一组或多组由二进制码组成的脉冲序列信号，当序列检测器连续接收到一组串行二进制码后，如果这组码与检测器中预先设置的码相同，那么输出 1，否则输出

0。由于这种检测的关键在于正确码的收到必须是连续的，这就要求检测器必须记住前一次的正确码及正确序列，直到在连续的检测中收到的每位码都与预置数的对应码相同。在检测过程中，任何一位不相等都将回到初始状态重新开始检测。

例如，预先设置的二进制码为 11010110，当序列检测器连续收到的 8 位序列信号为 11010110（时间顺序为自左向右）时，会输出 1，表示检测到预置数据；否则输出 0，表示没有检测到。

2.8.4　实验内容和要求

1．序列检测器设计

通过 Verilog HDL 编程，实现一个 8 位序列检测器，要求有串行数据输入端、时钟脉冲输入、异步清零端、8 位预置码输入端、4 位状态码输出端和检测结果输出端。序列检测器模块图如图 2-23 所示。

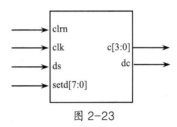

图 2-23

输入、输出端口设计具体要求如下。

❖ clrn：异步清零信号，低电平有效。

❖ clk：序列检测器时钟脉冲输入，上升沿有效。

❖ ds：串行数据输入端。

❖ setd：8 位预置码输入端。

❖ c：4 位状态码输出端。

❖ dc：检测结果输出端。

2．编写代码

根据 8 位序列检测器的功能，编写 Verilog HDL 代码，请将以下设计代码补充完整。

```
// 8 位序列检测器 sqdetector.v
module sqdetector(ds, setd, clk, clrn, dc, c);
    input  ds, clk, clrn;
    input [7:0]  setd;
    output [3:0]  c;
    output  dc;

    reg [3:0]  c;
    _____;
    reg [3:0]  n;
    always @(c, setd, ds, n)
        case (c)
            4'b0000 : if(ds==setd[7]) begin n<=4'b0001; dc<=1'b0; end
```

```
                    else  begin n<=4'b0000; dc<=1'b0;  end
        4'b0001 : if(ds==setd[6])  begin n<=4'b0010; dc<=1'b0;  end
                    else  begin n<=4'b0000; dc<=1'b0;  end
            // 此处省略若干行, 请自行编写
        4'b0111 : if(ds==setd[0])  begin n<=4'b0000; dc<=1'b1;  end
                    else  begin n<=4'b0000; dc<=1'b0;  end
        default : begin n<=4'b0000; dc<=1'b0;  end
      endcase
    always @(negedge clrn or posedge clk)
      if (clrn==0)  c<=0;
      else _____;
 endmodule
```

3．仿真测试

选用开发工具和开发环境，用 Verilog HDL 完成序列检测器状态机的设计编辑和仿真测试等步骤，给出仿真波形。

4．方案设计

提出两个及以上设计方案并进行比较，选择合适的实验方案。

5．创建项目

根据选用的方案创建项目，进行功能仿真和编译下载，完成实验操作并做好数据记录。

6．撰写实验报告

根据实验内容，撰写实验报告，包括：程序设计、仿真分析、硬件测试和详细实验过程、程序分析报告、仿真波形图及其分析报告等。

2.8.5 可研究与探索的问题

① 在 8 位序列检测器代码基础上，扩展移位位数，设计一个 16 位序列检测器并进行仿真及下载。

② 在系统频率为 100 MHz 的情况下，试使用 Verilog HDL 设计一个 6 位十进制数字频率计，编译并仿真。

2.9   数字钟实验

2.9.1 实验类别

本实验为设计型和综合型实验。

2.9.2 实验目的

① 学习复杂数字电路系统的设计，用 Verilog HDL 设计一个多功能数字钟。

② 具备可编程逻辑器件的应用开发能力：设计输入、编译、仿真和器件编程。

2.9.3 实验原理

多功能数字钟具有"秒""分""时"计时功能（可以预置为 12 小时计时显示和 24 小时计时显示），并具有校时功能，能对"分"和"小时"进行调整。整个钟表的工作应该是在 1 Hz 信号的作用下进行，这样每来一个时钟信号，"秒"增加 1，当"秒"从 59 跳转到 00 时，"分"增加 1；同时，当"分"从 59 跳转到 00 时，"时"增加 1，"时"的范围为 0~23。

多功能数字钟可有如下拓展功能：

① 任意时刻闹钟：在闹钟时刻到时，LED 灯会亮。

② 自动整点报时：在 N 小时整时刻，LED 灯会闪烁 N 次，如 8 点闪烁 8 下。

数字钟电路系统中，秒计数器计满 60 后向分计数器进位，分计数器计满 60 后向小时计数器进位，时计数器按照"24 进制"规律计数，计数器的输出经译码器送显示器 。

2.9.4 实验内容和要求

1. 多功能数字钟设计

"秒"和"分"计数器都是模为 60 的计数器，其计数规律为 00、01…58、59、00…

"时"计数器是一个 24 进制计数器，即当数字钟运行到 23 时 59 分 59 秒，"秒"的个位计数器再输入一个秒脉冲时，数字钟应自动显示为 00 时 00 分 00 秒。

通过 Verilog HDL 编程，实现多功能数字钟的基本功能，其输入、输出端口设计具体要求如下。

❖ Type：2 位功能控制端，为 00 时，计时功能，为 01 时，校时功能，为 10 时，设置闹钟。

❖ Chg：实现 24、12 进制转换控制。

❖ J_Min：8 位分钟输入。

❖ J_Hour：8 位时钟输入。

❖ Bell_off：关闭 LED 灯输入信号。

❖ Second：8 位秒输出信号。

❖ Minute：8 位分输出信号。

❖ Hour：8 位小时输出信号。

❖ Bell：LED 灯控制输出信号。

2. 选用开发工具和开发环境

用 Verilog HDL 完成数字钟的设计编辑和仿真测试等步骤，给出仿真波形。

3. 方案设计

提出两个及以上设计方案并进行比较，选择合适的实验方案。

4. 创建项目

根据选用的方案创建项目，进行功能仿真和编译下载，完成实验操作并记录数据。

5．撰写实验报告

根据实验内容，撰写实验报告，包括：程序设计、仿真分析、硬件测试和详细实验过程，程序分析报告、仿真波形图及其分析报告等。

2.9.5　可研究与探索的问题

试给多功能数字钟增加秒表功能。

2.10　交通灯控制器实验

2.10.1　实验类别

本实验为设计型和综合型实验。

2.10.2　实验目的

① 学习复杂数字电路系统的设计，用 Verilog HDL 设计一个交通灯控制器。
② 掌握可编程逻辑器件的开发技术：设计、编译、仿真和器件编程。

2.10.3　实验原理

交通灯是城市交通中不可缺少的重要工具，是城市交通秩序的重要保障。一个常见的十字路口交通灯控制器能实现一个具有两个方向、共 8 个灯并具有时间倒计时功能，还可有如下拓展功能：实时配置各种灯的时间、手动控制各灯的状态、显示特殊状态（特殊状态下十字路口均显示黄灯状态）等。

十字路口的交通一般分为两个方向，每个方向都有红灯、绿灯和黄灯 3 种，每个方向还有左转灯，因此每个方向都有 4 个灯。本实验为每个灯的状态设计倒计时数码管显示功能，可以为每个灯的状态都设置一个初始值，灯状态改变后，开始按照这个初始值倒计时。倒计时归零后，灯的状态将会改变至下一个状态。

2.10.4　实验内容和要求

1．交通灯控制器设计

设计一个交通灯控制器，用 LED 灯表示交通状态，以七段数码显示器显示当前状态剩余秒数：一个方向的绿灯亮时，另一个方向的红灯亮；反之亦然，二者交替通行。每次由绿灯变为红灯的过程中，黄灯亮作为过渡；能显示特殊状态，特殊状态下十字路口均显示黄灯状态。用七段数码显示器显示倒计时，能实现总体清零功能，计数器由初始状态开始计数，对应状态的显示灯亮。

在实际的交通系统中，直行绿灯、左转绿灯和红灯的变化之间都应该有黄灯亮作为缓冲，以保证交通的安全。假设方向 A 的黄灯亮的时间持续 5 s，直行绿灯灯亮的时间持续 40 s，左转灯灯亮的时间持续 10 s，则方向 B 的红灯亮的时间持续（直行绿灯+黄灯+左转绿灯+黄灯）为 60 s。同样，假设方向 B 的黄灯亮的时间持续 5 s，直行的绿灯亮的时间持续 30 s，左转灯亮的时间持续 10 s，则方向 B 的红灯亮的时间持续（直行绿灯+黄灯+左转绿灯+黄灯）为 50 s。

注意，各方向的信号灯的状态是相关的，也就是说，某方向的信号灯的状态影响着其他方向的信号灯的状态，这样才能够协调各方向的车流。表 2-14 是两个方向（假设为 A、B 方向）灯的状态的对应情况。

表 2-14

方向 A	方向 B	方向 A	方向 B
红灯亮	黄灯亮或绿灯亮	直行绿灯亮	红灯亮
黄灯亮	红灯亮	左转灯亮	红灯亮

通过 Verilog HDL 编程，实现交通灯控制器的基本功能，其输入、输出端口设计具体要求如下。

❖ Clock：同步时钟。
❖ Reset：异步复位信号，低电平有效。
❖ Enable：使能信号，为高电平时，控制器开始工作。
❖ Special：特殊情况控制信号，为 1，则两个方向都无条件显示为黄灯。
❖ LightA：控制 A 方向 4 盏灯的状态输出。其中，LightA[0]～Light[3]分别控制 A 方向的左转灯、绿灯、黄灯和红灯。
❖ LightB：控制 B 方向 4 盏灯的状态输出。其中，LightB[0]～Light[3]分别控制 B 方向的左转灯、绿灯、黄灯和红灯。
❖ ATime：用于 A 方向各灯的时间显示输出，8 位，可驱动两个数码管。
❖ BTime：用于 B 方向各灯的时间显示输出，8 位，可驱动两个数码管。

2．编译和仿真

在 Vivado 中进行编译、仿真，然后通过器件及其端口配置下载程序到开发平台中。

3．硬件实现

在硬件实现中，要求用实验平台的按键和拨码开关实现交通灯控制器的各控制信号的输入，LED 灯 1～8 显示两个方向 8 盏灯的状态输出，数码管 1～4 用于显示倒计时数字输出；将具体输入方式填入表 2-15。

表 2-15

端口名	Clock	Reset	Enable	Special
按键名				
引脚号				
功 能	同步时钟	异步复位信号	使能信号	特殊情况控制

4．撰写实验报告

根据以上实验内容，撰写实验报告，包括：程序设计、仿真分析、硬件测试和详细实验过程，程序分析报告、仿真波形图及其分析报告等。

2.10.5　可研究与探索的问题

试给信号灯控制器增加实时配置各信号灯的时间、手动控制各信号灯状态等功能。

第 3 章
计算机组成原理实践

本章实验适合计算机科学与技术等专业有数字逻辑与数字电路基础的学生。

3.1　32 位算术逻辑运算器实验

本实验是为运算方法与运算器章节而设置的，学生通过学习运算方法与运算器的知识，根据数据传送通路、运算器的工作过程以及信息的输入和输出，编程实现字长为 32 位的运算器。该运算器能完成算术运算、逻辑运算、移位运算、数据交换操作等，并设置标志位。

3.1.1　实验类型

本实验为设计型实验。

3.1.2　实验目的

① 叙述机器数，运算器的功能和工作过程。

② 选择机器数，运算方法，信息传输方式，提出运算器的多种解决方案，并进行比较，选择性价比高的解决方案。

③ 根据选择的方案，画出运算器的内部结构图，编程实现各模块的功能，并进行仿真。

④ 选用实验箱，编程语言和开发环境，安排引脚，下载操作并进行测试，给出测试结论。

3.1.3　实验原理

1．总线传送信息

采用总线传输信息可以减少机器中信息传输线的数目,节省器件,从而提高总线使用效率。但应注意,挂在总线上的部件必须分时操作,即不允许在同一时刻有两个或两个以上的部件向总线传输信息，否则传输的信息不可靠。

2．建议的实验电路方案

本实验电路采用单总线结构，其电路框图如图 3-1 所示。

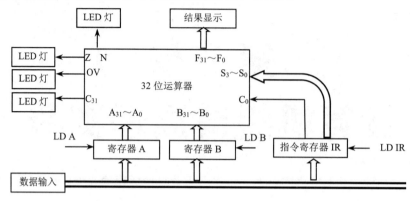

图 3-1

说明：

① 设置寄存器 A 和 B 用于存放参与运算的操作数，LD A 和 LD B 是将总线上的信息分别送入数据寄存器 A 和 B 的控制信号。为了观察运算结果，直接将运算结果在数码管或触摸屏上显示，标志位通过 LED 灯显示。

② 设置指令寄存器 IR 用于存放运算器的操作码，控制运算器实现不同的运算。指令寄存器 IR 的输出直接接到运算器的 S3～S0、C0。LD IR 是将总线的信息送入 IR 的控制信号。

③ 数据是由输入部件，如开关组、触摸屏等，向总线输入二进制信息。

3.1.4　实验内容和要求

① 根据以下假设，设计一个 32 位的运算器。

32 位运算器能够完成加法、减法、加 1、减 1、逻辑与、逻辑或、求反、逻辑左移 n 位、逻辑右移 n 位、算术左移 n 位、算术右移 n 位、高低 16 位交换的运算，并给出结果为 0 标志 Z、进位标志 C、符号标志 N 和溢出标志 OV。

② 提出两个及以上解决方案并进行比较，选择合适的方案。

③ 根据选用的方案和机器数类型，确定运算器的操作码和各类运算的算法，画出运算器的电路图，分类叙述运算器的工作过程。

④ 选用编程语言和开发环境，编程设计各模块，并对每种运算进行仿真。

⑤ 选用实验箱，编程语言和开发环境，安排引脚，下载到实验箱上进行实验操作，得出测试结论。实验前需分类列出各类运算的实验步骤，以加法操作为例，根据图 3-1，在实验箱上操作的流程建议如图 3-2 所示。

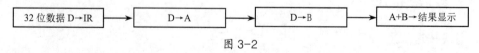

图 3-2

⑥ 实验中记录实测数据，如表 3-1 所示，实验后撰写实验报告。

表 3-1

输　　　入				理论结果	输　　　出					Yes/No
操作名称	操作码	Data1	Data2		显示结果	C	Z	N	OV	

3.1.5　可研究与探索的问题

如果进行连续执行同样的操作运算,那么电路应做什么改动?请写出操作步骤。

3.2　存储器实验

本实验是为存储器系统章节而设置的。学生通过学习主存储器的知识,根据 RAM 及 ROM 芯片的工程过程,存储器容量扩展方法以及信息的输入和输出,选用或编程实现存储器芯片,并通过这些芯片构成大容量存储器。

3.2.1　实验类别

本实验为设计型实验。

3.2.2　实验目的

① 叙述随机存取存储器 RAM 的读写过程和只读存储器 ROM 的读过程。

② 选用不同容量、不同字长、不同类型的存储芯片或模块,提出构成大容量存储器的多种解决方案,并进行比较,选择合适的解决方案。

③ 选用或编程设计 RAM 和 ROM 芯片的功能,并进行仿真。

④ 根据选择的方案,画出大容量存储器的结构图,编程设计各模块的功能,并进行仿真。

⑤ 选用实验箱,编程语言和开发环境,安排引脚,下载操作并进行测试,给出测试结论。

3.2.3　实验原理

1．随机存取存储器 RAM

选用或设计一个 1M×32 位的 RAM 芯片,该芯片有片选信号 CS 和读写信号 WR。当 CS=1 时,选中该芯片工作,否则不选该芯片工作。当 WR=1 时,执行读操作,否则执行写操作。1M×32 位 RAM 的电路图如图 3-3 所示。

2．只读存储器 ROM

选用或设计一个 2M×16 位的只读存储器 ROM 芯片,该芯片有片选信号 CS 和读写信号

WR。当 CS=1 时，选中该芯片工作，否则不选该芯片工作；当 WR=1 时，执行读操作，否则不执行操作。2M×16 位 ROM 的电路图如图 3-4 所示。

图 3-3

图 3-4

3．2M×32 位 RAM+2M×32 位 ROM 存储器

用 1M×32 位的 RAM 芯片组成 2M×32 位的存储器，用 2M×16 位的 ROM 芯片组成 2M×32 位的只读存储器。ROM 存储单元地址从 0 开始连续编址，RAM 存储单元地址接在其后连续编址。4M×32 位存储器的电路图如图 3-5 所示。其中，EN 为 2－4 译码器的使能端，为有效电平时 2-4 译码器工作，否则译码器输出为无效电平。

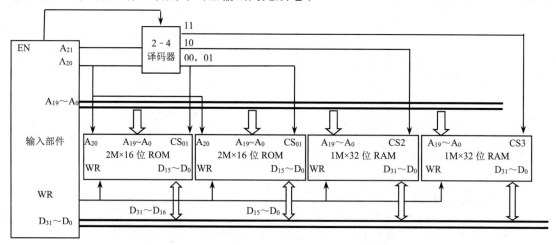

图 3-5

4．建议的实验电路方案

实验电路建议采用单总线结构,地址和数据信息通过同一组开关或触摸屏经总线分时输入到地址寄存器 MAR 或存储单元中。考虑到需要接收初始地址和连续操作时地址应连续变化，地址寄存器 MAR 应具有计数，从总线上接收地址，向存储器发送地址的功能，从而在进行连续读写时取得连续地址。实验电路示意如图 3-6 所示。

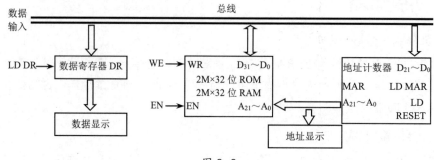

图 3-6

图 3-6 中的寄存器可以设计一个复位信号。各控制信号如表 3-2 所示。

表 3-2

序号	控制信号	控制开关	功　　能
1	EN	K7	存储器使能，可以作为片选信号，高电平有效
2	WE	K6	读（高电平）/写（低电平）信号
3	LD MAR	K5	将总线的信息送入地址寄存器 MAR，上升沿有效
4	LD DR	K4	将总线的信息送入数据寄存器 DR，上升沿有效
5	LD	K3	计数器加 1，上升沿有效
6	RESET	K1	寄存器清"0"，计数器置为固定值（低电平有效）

3.2.4　实验内容和要求

① 根据以下假设，设计一个存储器。

❖ 用 1M×32 位的 RAM 芯片组成 2M×32 位的存储器，用 2M×16 位的 ROM 芯片组成 2M× 32 位的只读存储器。ROM 存储单元地址从 0 开始连续编址，RAM 存储单元地址接在其后连续编址。

❖ 在 ROM 中存放字符"1314"和"LOVE YOU"的数码管信息，要求每隔一定时间循环在数码管上进行显示。

② 提出两个及以上解决方案并进行比较，选择合适的方案。

③ 选用或编程设计出 1M×32 位随机存取存储器模块 RAM，并进行仿真和测试。

④ 选用或编程设计出 2M×16 位只读存取存储器模块 ROM，并进行仿真和测试。

⑤ 选用或编程设计出数据寄存器、2－4 译码器模块和地址计数器模块，进行仿真和测试。

⑥ 根据选用的方案，画出 2M×32 位 RAM 和 2M×32 位 ROM 的存储器电路图，编程设计各模块，并对 RAM 进行单地址读写操作和连续地址读写操作的仿真，对 ROM 进行连续读操作仿真。

⑦ 选择实验箱，编程语言和开发环境，安排引脚，下载到实验箱上进行实验操作，得出测试结论。要求在触摸屏上显示 22 位地址和 32 位数据。

⑧ 实验前详细列出实验步骤，实验中记录实测数据，如表 3-3 所示，实验后撰写实验报告。

表 3-3

类　别	Address	Write/Read	data
单地址			
连续地址			

3.2.5　建议的实验步骤

存储器操作分为单地址读写操作和连续地址读写操作。

1. 存储器单地址写操作步骤

① 地址计数器 MAR 输入初始值，在触摸屏上显示地址，并送入存储器。

② 将需要写入的数据送入总线。

③ 加上写信号并使 EN 有效，将数据存入指定的存储器单元。

2. 存储器单地址读操作步骤

① 地址计数器 MAR 输入初始值，在触摸屏上显示地址，并送入存储器。

② 加上读信号并使 EN 有效，将数据从指定的存储器单元中取出送到总线。

③ 将总线的数据送入数据寄存器 DR 并显示数据。

3. 存储器连续单元读写操作流程

通过对读操作和写操作的分析，可画出对存储器连续单元进行读操作或写操作示意图，如图 3-7 所示。为了停止存储器连续读写操作，增加了一个停机控制信号 K_8。当 $K_8=1$ 时，停止时序工作，否则时序工作。为了启动电路工作，还需要一个启动信号 K_2，当 $K_2=1$ 时，启动电路工作，否则对电路没有影响，如表 3-4 所示。

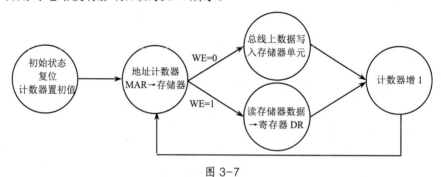

图 3-7

表 3-4

按键	控制信号	功　能
K_8	停机	当为高电平时，停止连续读或写操作
K_7	EN	存储器使能，可以作为片选信号，高电平有效
K_6	WE	读（高电平）/写（低电平）信号
K_2	START	当为高电平时，启动电路工作，当为低电平时不影响电路工作
K_1	RESET	寄存器清"0"，计数器置为初始值（低电平有效）

操作步骤建议如下：

（1）单地址读写操作

① 写操作：置 $K_8K_7K_6K_2K_1 =11011$，按 K_2 键启动电路工作，即将数据写入指定存储单元后停机。

② 读操作：置 $K_8K_7K_6K_2K_1 =11111$，按 K_2 键启动电路工作，每按一次读出一个单元中的数据并送触摸屏上显示。

（2）连续地址读写操作

① 写操作：置 $K_8K_7K_6K_2K_1 =01011$，按 K_2 键启动，连续地将数据写入相应的单元。

② 读操作：置 $K_8K_7K_6K_2K_1 =01111$，按 K_2 键启动，即可将读出的数据送入数据寄存器

DR，在触摸屏上显示数据。

3.2.6 可研究与探索的问题

① 能否将上述存储器电路实验方案改为双总线的存储器电路实验？
② 改为双总线的存储器电路实验应如何安排操作序列或步骤？

3.3 指令系统实验

本实验是为指令系统章节而设置的。学生通过学习指令系统的知识，根据指令格式，寻址方式及其寻找操作数的过程，指令的读出过程，编程实现特定要求的指令或典型 MIPS 指令的操作数有效地址的计算，并将有效地址和读出的操作数进行显示。

3.3.1 实验类别

本实验为设计型实验。

3.3.2 实验目的

① 叙述指令的组成、寻址方式及其寻找操作数的过程，熟悉 MIPS 指令系统三种指令格式的特点和寻址方式。
② 根据要求，提出指令系统的多种解决方案，包括指令的功能、操作码编码、寻址方式及编码，并进行比较，选择性价比高的解决方案。
③ 分析指令流程，提出完成计算有效地址，取出操作数功能所需要的部件，如寄存器堆、地址计算部件等。
④ 根据设计方案，运用总线实现运算器、寄存器和存储器之间的数据传输，画出结构图。
⑤ 编程设计寻找操作数所需的模块，并进行仿真。
⑥ 选用实验箱，编程语言和开发环境，安排引脚，下载操作并进行测试，给出测试结论。

3.3.3 实验原理

指令分为固定长度指令和可变长度指令。指令操作码的编码分为固定长度和可变长度。为简化起见，采用固定长度的操作码。对于有 M 个操作的指令系统，其操作码的位数需要 $n = \lceil \log_2 M \rceil + 1$ 位，即 $0 < M \leqslant 2^n$。

根据指令系统中的操作，可以确定每个操作的操作数的个数。例如，加、减、乘、除的操作就需要两个操作数和一个存放结果的地方，为了简化起见，将存放结果的地方与其中一个操作数共用，这样在指令中只需要两个数据的地址。

根据操作数的个数，指令分为零地址指令、一地址指令、二地址指令等。

如果存储单元地址的位数在指令的操作数字段可以放下，那么可以直接利用，否则需要采用其他方法来存放操作数的地址。为此形成了不同的寻址方式，如立即数寻址、直接寻址、间接寻址、基址寻址、变址寻址、寄存器直接寻址、寄存器间接寻址、间址变址、变址间址。

如果操作数或操作数的地址超过了存储单元存放的数据或存放不下，也可以采用多个存储单元来存放操作数或操作数的地址。

3.3.4 实验内容和要求

① 根据以下假设，设计一个指令系统。

❖ 计算机字长 32 位，有 16 个 32 位通用寄存器，指令长度与机器字长是整数倍关系。

❖ 主存容量为 2M×32（ROM）+2M×32（RAM）。

❖ 采用寄存器直接寻址、寄存器间接寻址、变址寻址和立即数寻址方式。

❖ 能够完成如下功能：加法，减法，加 1，减 1，逻辑与，逻辑或，求反，逻辑左移 n 位，逻辑右移 n 位，算术左移 n 位，算术右移 n 位，求反，存数，取数，输入数据，数据输出。

指令系统的构建可以采用两种方法，一种方法是自己设计一个指令系统，另一种方法是利用已有的指令系统进行改造，如利用 MIPS 指令完成指令系统的实验。

② 提出两个及其以上解决方案，并进行比较，选择性价比高的解决方案。

③ 根据设计方案，确定操作数的个数，设计指令格式，操作码，寻址方式及编码，寄存器编码，存储单元的地址位数等。

④ 编写一些指令，存放在 ROM 中，然后人工读出指令，验证其操作码，寻址方式编码，取出的操作数与设计的是否一致。

⑤ 根据设计方案，画出寻找操作数的电路图，编程设计各模块，并进行仿真。

⑥ 选用实验箱，编程语言和开发环境，安排引脚，下载到实验箱上进行实验操作，得出测试结论。

⑦ 实验前详细列出实验步骤，实验中记录实测数据，如表 3-5 所示，实验后撰写实验报告。

表 3-5

指　　令	第 1 个操作数有效寻址	第 2 个操作数有效寻址	理论值		操作结果	
			第 1 个操作数	第 2 个操作数	第 1 个操作数	第 2 个操作数

3.3.5 可研究与探索的问题

若不采用不定长度的指令或者固定长度的操作码，上述实验该如何完成？

3.4 单周期 CPU 实验

单周期 CPU 是指一条指令的执行在一个周期内完成，然后开始下一条指令的执行，即一条指令用一个周期，所有指令的执行时间都相等。

本实验是为 CPU 章节而设置的。学生通过学习控制器和单周期的知识，根据控制器在单周期情况下的工作过程以及信息的输入和输出，编程来实现单周期 CPU，完成用指令系统中所设计的指令编写的程序运行。

3.4.1　实验类别

本实验为设计型实验。

3.4.2　实验目的

① 叙述单周期 CPU 执行指令时的取指令、分析指令、取操作数、执行指令、存放结果阶段（周期）的工作过程和所需的硬件电路。

② 分析每条指令的执行流程，提出单周期 CPU 的多种解决方案，如组成部件及功能、数据传输通路、所需的控制信号等，并进行比较，选择性价比高的解决方案。

③ 根据设计方案，编程设计各组成部件，并进行仿真。

④ 编程将各部件组合在一起形成单周期 CPU，运行测试程序，并进行仿真。

⑤ 选用实验箱，编程语言和开发环境，配置引脚，下载操作并进行测试，给出测试结论。

3.4.3　实验原理

CPU 由运算器和控制器组成，运算器电路设计在前面实验中已经完成，这里主要设计控制器。控制器的设计有微程序设计方法和硬布线设计方法，这里采用硬布线方法设计控制器。

1. 硬布线控制器的基本原理

控制器是计算机中最复杂的逻辑部件之一。当执行不同的机器指令时，硬布线控制器通过激活一系列控制信号来实现对指令的解释，使得控制器很少有明确的结构而变得杂乱无章。硬布线控制器的结构方框图如图 3-8 所示，I_m 是指令译码后的信号，B_i 是执行部件反馈的信息，T 为周期信号，C_n 是发出的操作控制信号。

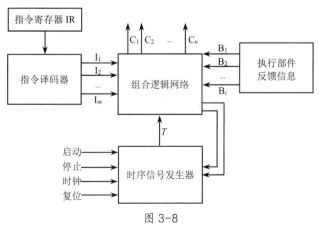

图 3-8

2．硬布线控制器的设计步骤

单周期 CPU 中硬布线控制器的设计步骤如下。

① 确定指令系统，包括每条指令的格式、功能和寻址方式，分配操作码。这部分在指令系统实验中已经完成。

② 围绕指令系统的实现，画出 CPU 的内部结构图，包括：运算器的功能和组成，控制器的功能和组成，各部件的连接方式，以及时序系统的构成。运算器在运算器与数据通路实验中已经完成。由于是单周期 CPU 的实验，因此时序系统需要连续给出单个周期信号。

③ 在 CPU 内部结构图的基础上，分析每条指令或每类指令的执行过程，按操作执行顺序，写出必须发送的操作控制信号序列。

④ 综合每个操作控制信号的逻辑函数，进行化简和优化。

⑤ 编程实现单周期 CPU。

在上述设计步骤中，不是一个单向线性的过程，而是可能反复交叉进行的过程。如在后续的设计中发现某条指令不易实现，则可能需要调整该指令的格式或 CPU 的内部结构等。

3.4.4　实验内容和要求

① 根据指令系统实验设计的指令，在每类指令中选择指令进行执行指令的流程分析。

② 根据指令流程，提出单周期 CPU 的多种解决方案，并进行比较，选择合适的解决方案。

③ 根据选择的方案，画出单周期 CPU 的电路图，编程设计各部件，如寄存器堆、控制器、运算器等，将其组合在一起构成单周期 CPU，并进行仿真。

④ 编程将单周期 CPU、存储器、数据输入和数据输出等组合在一起，构成一个完整的计算机，并进行仿真。

⑤ 编写一段测试程序存放在 ROM 中，让单周期 CPU 运行该程序。

⑥ 选择实验箱，编程语言和开发环境，安排引脚，下载到实验箱上并进行实验操作，得出测试结论。

⑦ 实验前详细列出实验步，实验中认真记录实测数据，如表 3-6 所示，实验后，撰写实验报告。

表 3-6

指　令	第 1 个操作数	第 2 个操作数	运算结果	
			理论值	实测值

3.4.5　可研究与探索的问题

① 如何让程序启动、自动运行、停止？

② 原始数据如何输入？

3.5 多周期 CPU 实验

多周期 CPU 指的是一条指令的执行在多个周期内完成，即一条指令的执行需要占用多个周期。

本实验是为 CPU 章节而设置的。学生通过学习控制器和多周期的知识，根据控制器在多周期情况下的工作过程和信息的输入输出，编程实现多周期的 CPU，用指令系统中所设计的指令完成所编写的程序运行。

3.5.1 实验类别

本实验为设计型实验。

3.5.2 实验目的

① 叙述多周期 CPU 执行指令时的取指令、分析指令、取操作数、执行指令、存放结果阶段（周期）的工作过程，提出所需的硬件电路。

② 分析每条指令流程，提出多周期 CPU 的多种解决方案，如组成部件及功能、数据传输通路、所需的控制信号等，并进行比较，选择性价比高的解决方案。

③ 根据设计方案，编程设计各组成部件，并进行仿真。

④ 编程将各部件组合在一起形成多周期 CPU，运行测试程序，并进行仿真。

⑤ 选用实验箱，编程语言和开发环境，安排引脚，下载操作并进行测试，给出测试结论。

3.5.3 实验原理

1. 硬布线控制器的基本原理

多周期 CPU 硬布线控制器与单周期 CPU 的不同之处主要在时序信号发生器。单周期 CPU 中，时序信号发生器发出一个周期要完成整条指令的执行；而多周期 CPU 中，时序信号发生器发出的一个周期只能完成一个阶段的操作。多周期 CPU 中若有 n 个阶段的操作，则需要 n 个周期。多周期硬布线控制器的结构方框图如图 3-9 所示。

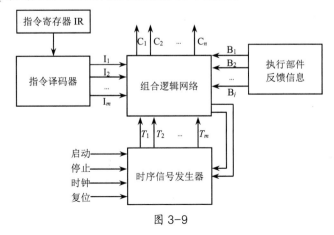

图 3-9

2. 硬布线控制器的设计步骤

多周期 CPU 中硬布线控制器的设计步骤如下：

① 确定指令系统，包括每条指令的格式、功能和寻址方式，分配操作码。这部分在指令系统实验中已经完成。

② 围绕着指令系统的实现，画出 CPU 的内部结构图，包括：运算器的功能和组成，控制器的功能和组成，各部件的连接方式，以及时序系统的构成。运算器在运算器与数据通路实验中已经完成。由于是多周期 CPU 的实验，因此时序系统需要连续给出多个周期。

③ 在以上基础上，通过状态转移图分析每条指令或每类指令在每个状态要执行的操作。图 3-10 是多周期 CPU 控制器的典型时序状态转移图。

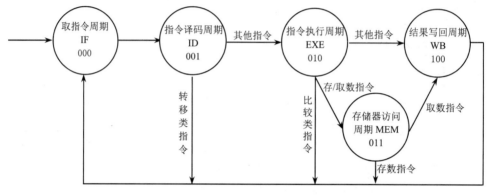

图 3-10

④ 综合每个操作控制信号，写出操作控制信号的逻辑表达式。

⑤ 编程实现多周期 CPU 电路。

在上述设计步骤中，不是单向线性的过程，而是可能反复交叉进行的过程。如在后续设计中发现某条指令不易实现，则可能需要调整该指令的格式或 CPU 的内部结构等。

3.5.4 实验内容和要求

① 根据指令系统实验设计的指令，在每类指令中选择指令进行执行指令的流程分析。

② 根据指令流程，提出多周期 CPU 的多种解决方案，并进行比较，选择合适的解决方案。

③ 根据选择的方案，画出多周期 CPU 的电路图，编程设计各部件，如寄存器堆、控制器、运算器等，并将其组合在一起构成多期 CPU，并进行仿真。

④ 编程将多周期 CPU、存储器、数据输入和数据输出等组合在一起，构成一个完整的计算机，并进行仿真。

⑤ 编写一段测试程序存放在 ROM 中，让多周期 CPU 运行该程序。

⑥ 选择实验箱，编程语言和开发环境，安排引脚，下载到实验箱上并进行实验操作，得出测试结论。

⑦ 实验前详细列出实验步，实验中认真记录实测数据，如表 3-6 所示，实验后撰写实验报告。

3.5.5 可研究与探索的问题

需要加什么功能的电路模块，能让 CPU 启动/停止，用于检测每个机器周期结束时各寄存器中存放的数据？

3.6 中断实验

本实验是为中断系统内容而设置的。学生通过学习中断系统的知识，编程实现中断过程所需的硬件部件。该硬件部件能够暂停 CPU 程序运行，转到中断处理程序处理，处理完后，返回到被暂停的程序去执行。

3.6.1 实验类别

本实验为设计型实验。

3.6.2 实验目的

① 叙述中断请求、中断屏蔽、中断查询、中断判优和中断响应的处理方法和所需的硬件电路。

② 根据要求，明确引起中断有关的指令和事件。

③ 根据中断的类型，分析每类中断的处理流程，提出中断系统的多种解决方案，如组成部件及功能、数据传输通路、所需控制信号等，并进行比较，选择性价比高的解决方案。

④ 根据设计方案，编程设计各组成部件，进行仿真和测试。

⑤ 编程将中断部件加入前面的 CPU，运行测试程序，进行仿真和测试。

⑥ 选用实验箱，编程语言和开发环境，配置引脚，下载操作并进行测试，给出测试结论。

3.6.3 实验原理

1. 异常和中断

异常和中断是两种不可预测的事件，它们影响程序的正常执行。异常来自 CPU 内部，如除数为 0；中断来自 CPU 的外部，如鼠标中断。

当一个异常或中断出现时，CPU 应该停止当前程序的执行，转去执行预先准备好的程序，去处理这个中断。预先准备好的程序去处理中断最简单的方法是输出一些信息后停机，较复杂的方法是做一些适当的处理后恢复执行被停止的程序。

2. 查询中断

当异常或中断出现后，如何发现有异常或中断？如何从当前执行的程序跳转到异常或中断处理程序？有多种方法，如查询中断和向量中断等。

本实验采用查询中断的方法，检查异常和中断的时间点为每条指令执行结束时。

当检测到有异常或中断发生时，有如下处理方法：

① CPU 跳转到一个固定的地址，从这个地址开始运行程序，查询到底是何种异常或中断，再转去执行相应的异常或中断处理程序。这个固定地址可以用硬布线实现，当然以后要修改这个地址也就不可能了。

② 设置一个中断入口地址寄存器组。当异常或中断发生时，把该中断对应的寄存器的内容送入程序计数器 PC。CPU 可以使用指令往中断入口地址寄存器组中的某个寄存器写入不同的内容，即从不同的地址开始来处理异常或中断。

不管是采用何种方式，CPU 首先知道已经发生的是什么异常或中断，然后才能做出相应的处理，为此需要设置一个中断请求寄存器，简称中断寄存器。当有异常或中断发生时，硬件自动把发生中断的信息送入中断寄存器。通过读取这个寄存器，CPU 就知道了引起中断的原因，然后转到专门的程序去处理。

3．中断返回

为了使暂停的程序恢复执行，必须使 CPU 在处理完异常或中断后，返回到当初被暂停的程序继续执行。为此在转向异常或中断处理程序时，需要将返回地址保存到一个安全的地方，如保存在一个通用寄存器或专门设置的一个寄存器或存储器堆栈中。这里采用比较简单的做法，即将返回地址保存在一个专用的寄存器中。

为了返回到被暂停的程序去执行，一般 CPU 设置了一条称为中断返回的指令 IRET，其功能是将返回地址送入程序计数器 PC。

4．中断屏蔽与开放

执行中断处理程序时又出现了中断请求时如何处理？一般，进入中断响应后就自动屏蔽了中断，即"关中断"，即使来了中断也不理睬。如果需要 CPU 响应中断，那么需要"开中断"。为此需要设置一个中断允许触发器，当该触发器为 0 时，禁止中断，否则允许中断。该触发器由开中断和关中断指令来进行设置。

5．中断优先级

如果有多个中断同时向 CPU 发出请求，CPU 响应哪一个呢？当然是响应最紧急或者不立即处理会产生严重后果的中断，称为优先级最高的中断。优先级是通过编码来完成的，如中断寄存器的最左边优先级最高，最右边优先级最低。当然，也可以用硬件来直接判断。

3.6.4　实验内容和要求

① 根据以下假设，设计一个带有异常或中断处理的单周期 CPU 或多周期 CPU。
❖ 有 2 个外部中断请求，用 2 个开关来表示。
❖ 处理 2 个异常，即定点数运算结果溢出，非法指令。
❖ 返回地址保存，保存下一条指令的地址。
❖ 采用查询中断方式。
❖ 增加开中断、关中断、中断返回指令。
❖ 不考虑中断屏蔽和开放，也不考虑中断嵌套。
❖ 中断处理程序的功能是只显示一个代码。
② 根据上面的假设，画出中断控制器的电路图，编程设计各模块，修改单周期 CPU 或多

周期 CPU，并将它们组合在一起，构成一个完整的计算机，并进行仿真。

③ 编写 4 个中断处理程序，其功能是显示对应的中断代码，表示运行了中断处理程序。它们存放在 ROM 中，验证其正确性。

④ 选择实验箱，编程语言和开发环境，安排引脚，下载到实验箱上并进行实验操作，得出测试结论。

⑤ 实验前详细列出实验步，实验中认真记录实测数据，实验后撰写实验报告。

3.6.5 可研究与探索的问题

① 如果异常或中断发生后不需要 CPU 进行处理，如何更改？

② 要完成中断嵌套，硬件还需要做哪些修改？

第 4 章
计算机体系结构实践

4.1　流水线 CPU 设计

4.1.1　实验类别

本实验为设计型实验。

4.1.2　实验目的

现代 CPU 普遍采用流水线技术，只需要增加很少寄存器和一些逻辑线路，就能使 CPU 的速度提高很多倍。

① 在掌握多周期 CPU 的设计下，深入理解 CPU 流水线的概念。利用已有的计算机组成原理知识和对计算机系统结构的初步学习，设计一个包括指令系统、寻址方式、数据表示、寄存器组、存储系统、流水线结构的 CPU。该 CPU 必须具有复位功能，复位脉冲按负脉冲设计。

② 熟练掌握硬件描述语言 Verilog HDL，编写 CPU 的各功能模块的代码，并将上述各功能模块组成一个比较完整的 CPU 体系结构。

③ 熟悉并掌握流水线 CPU 的原理和设计。

④ 通过亲自设计和实现静态 5 级流水线 CPU，加深对计算机组成原理和体系结构理论知识的理解。

⑤ 学会硬件设计工具软件 Vivado 对程序进行仿真和调试的方法，并掌握 FPGA 的 CPU 调试方法。

4.1.3 实验原理

1．实验平台的基本结构和软硬件结构

实验平台的基本结构和软硬件结构如图 4-1 所示。实验箱的配套资源有 FPGA 实验板、Xilinx 的下载线、串口线（含 USB 串口转化器）、电源线（含适配器）。

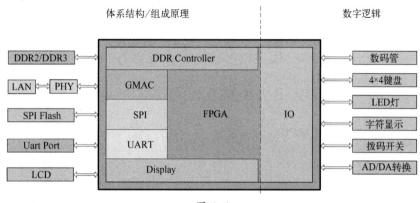

图 4-1

为了使在实验板上演示实验成为可能，LS-CPU-EXB-002 实验箱实现了 LCD 触摸屏的硬件驱动，不需要处理器核就能使用触摸屏的显示和输入功能，且设计了简单清晰的调用接口方便使用。

2．设计原理

多周期 CPU 在单周期基础上提高了时钟频率，但并没有减少执行一条指令的时间，且存在资源闲置的问题。例如，当指令在执行级有效时，译码级实际上在空转。若每一级都在执行有效的指令，将解决资源闲置的问题。最理想的情况是，当第一条指令从取指级转换到下一级译码时，第二条指令进入取指级，当第一条指令完成译码进入执行级时，第二条指令进入译码级，第三条指令进入取指级……静态 5 级流水 CPU 就是基于这样的设计思路。

流水线技术是时间并行，在流水 CPU 中，当在一个时钟周期内完成了某条指令的全部执行时（写回完成），则有望在下一时钟周期内完成下条指令的执行，因此依然相当于是一个周期完成一条指令，而时钟频率更高，因此 CPU 可以运行得更快。流水 CPU 是通过分时使用同一个功能部件的不同部分来提高指令的执行速度，即在流水线的每个阶段的末尾都要设置一个流水线寄存器，这样每段做完后，都把结果送入寄存器，然后同步往下走。流水线技术是一种非常经济，对提高处理机的运算速度非常有效，是多数处理机中普遍采用的一种并行处理技术。流水线理想 CPU 时空图如图 4-2 所示。

3．流水线的 CPU 结构

指令的执行过程可以分为多个阶段，具体分法要根据各种处理机的情况而确定。图 4-3 为流水线 CPU 结构，分为 5 个阶段，各段的功能对应英文指令的名称来命名。流水线段与段之间被流水线寄存器分开，这些流水线寄存器就可以用被分开段来命名。

取指模块给出内存地址，读取指令并送入指令寄存器，为下一段准备数据。由于 PC 控制部分处于取指部分中，因此控制相关的检测也置于取指阶段。

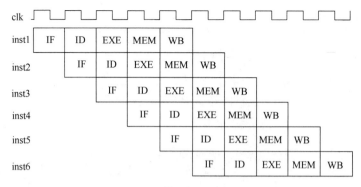

图 4- 2

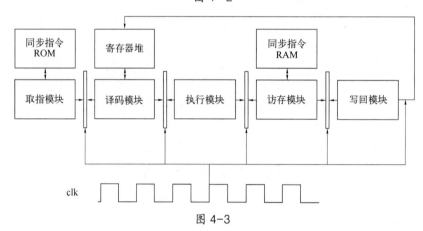

图 4-3

读取寄存器值和指令（ID）采取一次译码、逐级传递方式，译出后面流水线段所需的控制信号和数据，在每次时钟上升沿到来时送入下一段。结构相关、控制相关、数据相关检测可以置于寄存器堆内的相应寄存器。

执行模块（EXE）完成算术逻辑运算，计算有效地址和提供数据通道。

访存模块（MEM）选择地址线的数据来源和数据流向。访存模块与取指模块在功能上是独立的，但 CPU 对外只有一条地址线数据线，决定了访存和取指令是相互联系的。如果在执行 LOAD/ STORE 指令，那么地址线由 ALU 送入"访存模块"的值提供；如果在执行取指令，那么由程序计算器 PC 提供。当写内存时，CPU 内部数据送数据线；当需要读内存时，CPU 往数据线送高阻。

写回模块（WB）选择回写数据源和根据写使能信号，将数据回写到通用寄存器。

4．流水线各段功能描述

（1）取指令模块的结构

取指令模块的结构如图 4-4 所示。IF 段执行从存储器 ROM 中取指令操作，并将已取出的指令机器码与程序计数器的输出值存储在 IF/ID 寄存器中，作为临时保存，以便在下一个时钟周期开始时为下一步所用。

对 IF 段的主要功能描述如下：

① 取指令及锁存。根据程序计数器 PC 的值，从指令存储器中取出指令，并将取出的指令送往本段的锁存单元，即 IF/ID 寄存器锁存。

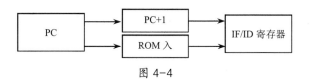

图 4-4

② 地址计算。根据选择信号值，从 4 个地址转移源中选择程序计数器 PC 的下一个值。若流水线中 WB 段的指令是跳转指令或分支成功指令，则选择 BranchPC 的值，以程序跳转的目标地址作为地址计算结果；若是非跳转指令或分支失败指令，则 PC 取 PC+1 的值，指向指令存储器中的下一条指令；若是中断返回指令，则取 retiPC 的值；若是子程序返回指令，则取 retPC 的值。

③ 检验指令的合法性。检验指令的操作码和功能码是否符合指令集设计中的定义，如果指令不正确，那么返回一个异常。

④ 同步控制。用时钟 CLK 对外部信号进行同步。

（2）指令译码模块 ID 段的结构

指令译码模块 ID 段的结构如图 4-5 所示。ID 段从程序存储器取出的指令被送到控制单元，再由控制单元对指令译码，将译码后产生的各种控制命令送入处理器的各部件；读寄存器命令从寄存器文件 RegFile 中取出数据；分支控制模块 Branch Unit 进行分支转移判断。

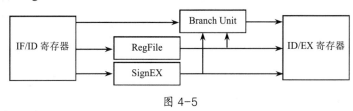

图 4-5

ID 段的主要功能描述如下：

① 访问寄存器文件。从寄存器文件读取寄存器操作数并送入 ID/EX 寄存器。

② 向寄存器文件回写数据。把流水线中已经执行完毕的指令所需回写寄存器文件的执行结果送入寄存器文件。

③ 符号位扩展。对指令中 8 位或 6 位立即数进行零扩展或者符号位扩展，把扩展后得到的 16 位操作数送入 ID/EX 寄存器。

④ 相关性检测。对正在 ID 段进行处理的指令和流水线中 EX、MA、WB 段中的指令进行数据相关检测和控制相关检测。如果检测到数据相关，就对流水线各段发出 pipeline flush 信号；如果检测到分支指令，就对流水线各段发出 control flush 信号。

（3）指令译码的模块 EX 段的结构

指令译码的模块 EX 段的结构如图 4-6 所示。EX 段的主要部件是 ALU，由算术逻辑单元、移位寄存器、寄存器数据输入模块组成。ALU 还包括 EX/MEM 寄存器和总线多路选择器。

图 4-6

对 EX 段主要功能的描述如下：

在前一个周期 ID 已准备好指令要处理的操作数后，就开始执行有效地址计算，那么本段

EX 的主要功能是根据对指令操作码部分的译码结果，ALU 对两个 16 位操作数完成算术、逻辑、移位或置位的运算，然后输出结果。根据不同指令类型，该周期的操作分为如下几种。

① 存储器访问指令 LOAD/STORE，即 R1 ← (R2+imm)。当指令为存储器访问指令时，该周期的操作是 ALU 将操作数相加形成有效地址，并将结果送入寄存器 R1。

② R 型 ALU 操作，即 R1 ← R2 op R3。当指令为 R 型 ALU 操作时，该周期的操作是 ALU 根据操作码指出的功能对寄存器 R2 和 R3 的值进行处理，并将结果送入寄存器 R1。

③ R-I 型 ALU 操作，即 R1 ← R2 op imm。当指令为 R-I 型 ALU 操作时，该周期的操作是 ALU 根据操作码指出的功能对寄存器 R2 和 imm 的值进行处理，并将结果送入寄存器 R1。

④ 分支操作，即 Branch Condition ← R1 op 0。当指令为分支操作时，即 BZ 或 BNZ，该周期的操作是对 R1 的值进行检测。若 R1=0 或 R1<>0，则转移到 R2 所指向的目标地址；若不满足条件，则执行后续指令。

⑤ 跳转操作，即 Branch Condition ← 0。当指令为 JAL 指令时，是无条件转移。该周期的操作是直接将分支成功标志 Branch Condition 置位。由于该指令给出的是绝对偏移量，故在上一周期准备的立即操作数就是跳转的目标地址。

注意：执行 EX 段进行分支转移成功与否的判断，得到分支转移成功标志 Branch Condition，并送到 IF 段，用作程序计数器 PC 选择多路的输入 npc_sel；同时本段提供定向路径到 IF 段，把 ALU_resultde 的值直接回送到多路选择器 NPC 的输入端，这条定向路径可以使分支指令的执行节拍数从 4 拍减少到 3 拍，达到消除部分控制的目的。若遇到 pipeline_stall 信号被置位，则 IF 段停顿，ID 段输出空指令，EX 段、MA 段、WB 段正常执行。

（4）访存储器 MA 段的结构

访存储器 MA 段的结构如图 4-7 所示。MA 段主要负责从存储器或 IO 端口存取数据，同时向处理器输入数据以及将处理器的数据向外输出。如果当前指令不是存储器或 IO 指令，那么 ALU 得到结果将送入写回段 WB。

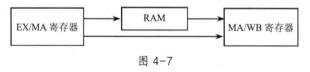

图 4-7

对 MA 段主要功能的描述如下：

① 在时钟上升沿，将 MA 段的值写入存储器/写回寄存器 MA/WB。

② 输出端口寄存器要向 CPU 外部输出数据，若使能信号 enable 置为 1，则在时钟信号 CLK 的上升沿将来自寄存器的 16 位数据锁存后输出。

③ 多路数据选择器要根据选择信号 SEL 的状态，从三组输入数据中选择一组输出。

（5）写回段 WB 的结构

写回段 WB 的结构如图 4-8 所示。写回段 WB 主要负责将计算结果和存储器或输入数据写入寄存器文件。经过流水段 MA/WB 寄存器后，数据达到写回段 WB。本段要对需要写回寄存器文件的数据进行处理。根据指令操作码，从三个数据源中选择写回数据，并给出写回目的地址。由于在指令编码当中进行优化，要写回寄存器文件的寄存器目的操作数由内存选择信号决定，因此只需对指令操作码部分进行判断，即可确定是否有结果需要写回，并执行写回操作。数据存储器用 FPGA 中的 EAB 设计而成。

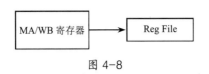

图 4-8

这里有可能需要回写寄存器文件的源操作数主要有 3 种：首先是 ALU 运算指令的计算结果，其次是 LOAD 指令写回访存周期的读取结果，最后是跳转并链接 JAL 或 JALR 指令写回 NPC 值。

写回段 WB 和 MA 段的功能划分并不是很严格，其中有些部件是可以共用的。主要部件在 MA 段中已做介绍，故对 WB 段中的部件不再赘述。

5. 流水线功能段问题处理建议

如果使流水线 CPU 能够顺利地执行程序，就需要解决在各功能段出现数据相关、结构相关和功能相关问题。也就是说，CPU 要有相应的自动检测单元来检测数据相关、结构相关的发生，并且用相应的控制单元根据一定控制策略来处理这些相关性问题。这两个相关检测单元均设计在 ID 段。

（1）数据相关的检测与处理建议

数据相关性检测方式是直接从各段的锁存器中将相关的信号反馈回译码段，然后将正在 ID 段进行的指令源操作数，与 ID 段以后各段的锁存段中的目的操作数进行比较，从而发现数据相关。

如果发现数据相关，就采用阻塞和前推两种途径。阻塞是暂停指令流的进行，直至所需的结果可用为止，这是解决数据相关的最简单方法。前推是将某段产生的中间结果提前送入需要段寄存器。

（2）控制相关的检测与处理建议

任何正常执行程序流出现变化时就会发生控制相关，如分支转移、中断和中断返回等，因为分支、中断等发生相关要等到指令被译码的 ID 段才知道转移成功。此时指令被译码，但后续指令已经进入流水线，流水线中就会停留一条未被阻止的不需要的指令。

解决这种控制相关方法只有一种方案，就是采用硬件阻塞。硬件阻塞是从流水线中去掉不需要执行的指令。

（3）结构相关的检测与处理建议

结构相关就是资源相关。结构相关检测是在流水线上执行分支指令时，PC 值有两种情况：一种是 PC 值发生变化，即分支转移的目标地址，另一种是 PC 值保持正常值。

如果检测是发生结构相关，就可以采取阻塞、预取和资源重复方法。阻塞方法与数据相关处理方法一样。预取就是 IF 段取出两条指令，将它们存储在一个小的缓冲器中。这个小缓冲器不能大，建议该缓冲器的大小为 4 条指令；而且，只有所用存储器速度足够快，可以在一个时钟周期内进行两次访问时，预取方法才会比阻塞方法好。资源重复方法就是为了消除在解决结构相关问题而引入停顿方法对流水线的影响。

4.1.4 实验内容和要求

① 根据总体逻辑结构设计及其图，使用龙芯中科的 LS-CPU-EXB-002 等实现静态 5 级流

水线 CPU, 并填写表 4-1 和表 4-2。

表 4-1

指令类型	汇编指令	指令码	源操作数 1	源操作数 2	目的寄存器	功能描述
R 型指令	addu rd , rs , rt	000000 rs | rt | rd |00000|100001	[rs]	[rt]	rd	GPR[rd]=GPR[rs]+GPR[rt]
I 型指令	addiu rt, rs, imm	001001 rs | rt |imm	[rs]	sign_ext(imm)	rt	GPR[rt]=GPR[rs]+sign_ext(imm)
J 型指令	j target	000010|target	next_pc	target		跳转 PC={next_pc[31:28],target,2'b00}

表 4-2

指令地址	汇编指令	结果描述	机器指令的机器码	
			十六进制	二进制
00H	addiu ,$1, $0,#1	[$1] = 0000_0001H	24010001	0010_0100_0000_0001__0000_0000_0000_0001

② 完成一个 8 位×8 位乘法程序, 即初始值 R_0=15, R_1=8, 其运算结果 120 存放在 R2 寄存器中。并在 Vivado 工具中检查 R_2 结果。如果不符合请进行调试, 直至结果为 120。

③ 完成一个内存读写测试。即将 32~1 写入内存 0x11F~0x110, 将 16~1 取出, 存入 0x020F~0x0200, 并在 Vivado 工具中检查上述内存单元结果。

④ 完成一个求质数的程序, 即完成一个求 64 以内的质数, 分别存入内存 0x300~0x0311, 并在 Vivado 工具中检查上述内存单元结果。

4.1.5 实验步骤

1. 新建工程

① 启动 Vivado 软件, 选择"File → Project → New"菜单命令, 出现新建工程向导(如图 4-9 所示), 单击"Next"按钮, 在弹出的对话框中输入工程名称, 选择工程的文件位置, 如图 4-10 所示, 然后单击"Next"按钮。

② 在 Project Type 中选择"RTL Project", 然后勾选"Do not specify sources at this time", 如图 4-11 所示, 单击"Next"按钮。

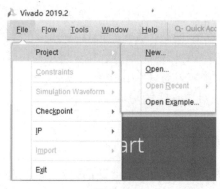

图 4-9

图 4- 10

图 4-11

③ 在筛选器的"Family"中选择"Artix-7","Package"选择为"fbg676",在筛选得到的型号中选择"xc7a200tfbg676-2",如图 4-12 所示。

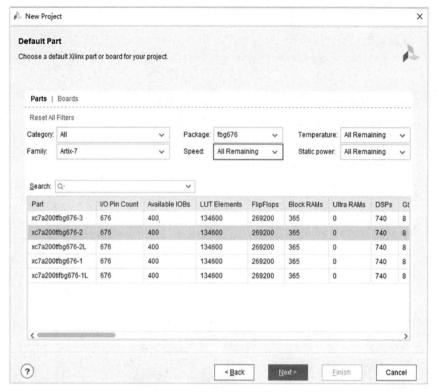

图 4-12

④ 单击"Next"和"Finish"按钮，完成创建。如上述步骤出现问题，可单击"Back"按钮，返回上一级修改。

2．添加源文件

Verilog 代码都是以".v"为后缀名的文件，可以在其他文件编辑器中写好，再添加到新建的工程中，也可以在工程中新建一个再编辑。

① 添加已有 verilog 文件的方法如下：在项目管理区中的"Settings"下单击"Add Sources"，在右边的 Sources 窗格中选中菜单栏中的"+"，如图 4-13 所示，然后选择"Add or Create Design Sources"。

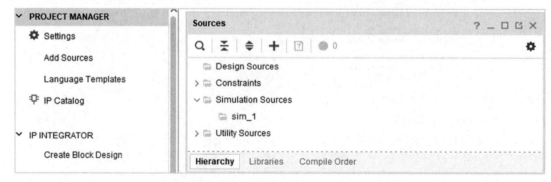

图 4-13

② 单击"Next"按钮，出现如图 4-14 的界面，可以按文件添加或者按文件夹添加，也可以自己创建。

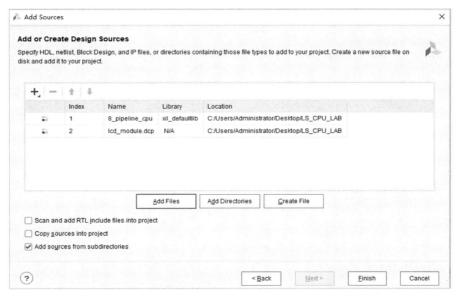

图 4-14

CPU 设计较为复杂，一般需要多个 .v 文件形成一定的调用层次。

3．添加展示外围模块

① 按照实验要求还需要一个外围模块。该外围模块调用 pipeline_cpu.v，且调用触摸屏模块，以便在板上实验结果。这里将该模块命名为 pipeline_cpu_display.v，添加该模块到工程。

② LS-CPU-EXB-002 配套资源设计时，将 lcd_module 模块封装为一个黑盒的网表文件，这样学生不会过分关注而导致迷失在 LCD 触摸屏实现中，只需调用即可。继续选择"Add Source"，添加 lcd_module.dcp。

至此，代码实现已经完成，下面需要对代码功能进行仿真验证功能的正确性。

4．上板验证

① 上板验证是指将功能代码进行综合和布局布线后下载到 FPGA 板上运行，并检查运行的正确性。因此，需要设定一套在板上检查结果的机制。LS-CPU-EXB-002 实验箱可以通过 LCD 触摸屏输入数据，并显示结果。外围展示模块 pipeline_CPU_display.v 是调用 LCD 触摸屏来完成上板验证的机制的设计。根据板上验证机制，需要添加引脚绑定的约束文件。所谓约束文件，就是将顶层模块（这里为 pipeline_CPU_display）的输入、输出端口与 FPGA 板的 IO 接口引脚绑定，以完成板上的输入和输出。

② 约束文件后缀名为 .xdc。添加约束文件有两种方法：一是用"Add or Create Constraints"添加或创建约束文件，如图 4-15 所示。

③ 由于后续实验都需要用到 LCD 触摸屏，LCD 触摸屏相关引脚的绑定是固定不变的，故建议以后实验都通过添加已有 XDC 文件，再根据需求修改 LED 和拨码开关等引脚的绑定。

④ 后续流程是综合、布局布线和产生可烧写文件，可以选择"Run Synthesis → Run Implementation → Generate Bitstream"，如图 4-16 所示。也可以双击"Generate Bitstream"，自动运行这三步。选择"Open Implemented Design"，可以查看实现结果。

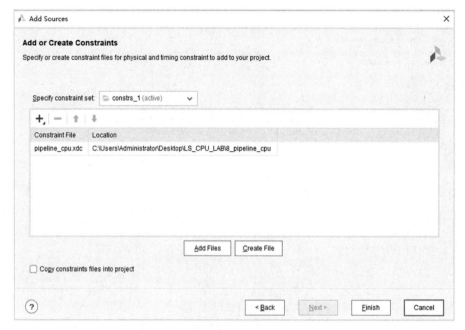

图 4-15

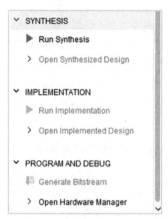

图 4-16

⑤ 这时可烧写的文件已经产生成功了，后缀名为 .bit。打开 FPGA 实验板（如图 4-17 所示），上电，并将下载线与计算机相连后，打开电源。

⑥ 在比特流文件生成完成的窗格中选择"Open Hardware Manager"，进入硬件管理界面。连接 FPGA 开发板的电源线与计算机的下载线，打开 FPGA 电源。在"Hardware Manager"窗格的提示信息中选择"Open target → Open New Target"（或选择"Flow Navigator → Program and Debug → Open Hardware Manager → Open Target → Open New Target"）。也可以选择"Auto Connect"（如图 4-18 所示），自动连接器件。

⑦ 单击"Program Device"，添加通过"Generate Bitstream"生成的 .bit 文件。至此烧制完成，接下来在 FPGA 板上验证结果.

⑧ 测试。按下 button SW SETp2，按一次进入一个时钟脉冲，如图 4-19 所示。

按下复位键，复位地址为 0000004CH，三个时钟信号后 PC+4，IF_PC 为 00000050 instruction 为 00642823，subu 与 sw 之间存在数据相关，在 subu 完成第三步执行后才能进行下一步。

图 4-17

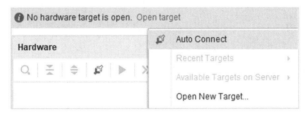

图 4-18

图 4-19

一个时钟信号后，PC+4，IF_PC=00000054，ID_PC=00000050，instruction 变为 AC050014。

再接受一个时钟信号后，PC+4，IF_PC=00000058，ID_PC=00000054，instruction 变为 00A23027。

部分指令集如表 4-3 所示。

表 4-3

4CH	subu $5, $3,$4	[$5] = 0000_000DH	00642823	0000_0000_0110_0100_0010_1000_0010_0011
50H	sw $5, #20($0)	Mem[0000_0014H] = 0000_000DH	AC050014	1010_1100_0000_0101_0000_0000_0001_0100
54H	nor $6, $5,$2	[$6] = FFFF_FFE2H	00A23027	0000_0000_1010_0010_0011_0000_0010_0111
58H	or $7, $6,$3	[$7] = FFFF_FFF3H	00C33825	0000_0000_1100_0011_0011_1000_0010_0101

4.1.6 可研究与探索的问题

① 如果实现 16 位×16 位的乘法，程序怎么写？

② 如果实现 8 位÷8 位数除法，程序怎么写？CPU 执行程序时间是多少？访问存储器次数是多少？

4.2 流水线带 Cache 的 CPU 设计

4.2.1 实验类别

本实验为设计型实验。

4.2.2 实验目的

Cache 主要用于匹配处理器与存储器之间的速度差距。现代 CPU 中通常设置有两个独立一级 Cache，分别是指令 Cache 和数据 Cache。

① 利用已有的计算机组成原理知识和计算机系统结构的初步学习，在流水线 CPU 设计基础上，设计一个完整 CPU，也就是包括指令系统、寻址方式、数据表示、寄存器组、存储系统、流水线、Cache 结构的 CPU。CPU 复位脉冲按负脉冲设计。

② 熟练掌握 Verilog HDL 编程，编写 CPU 的各功能模块的代码，并插入新功能模块，组成一个完成 CPU 体系结构。

③ 掌握硬件设计工具软件 Vivado 对程序进行仿真和调试的技巧，并掌握 FPGA 的 CPU 调试方法。

4.2.3 实验原理

速度和存储器容量是计算机存储系统中要解决的主要问题，人们总是希望得到速度快、价格低、容量大的存储系统，Cache 就是为了解决存储器与 CPU 速度差的问题而设计的。

1. Cache 的工作基础

从 CPU 运行程序分析表明，当 CPU 从内存中取出指令和数据时，在一个较短的时间间隔内，对局部范围的存储器进行频繁访问，而对此范围以外的存储器访问很少，这种现象称为程序的局部性。

Cache 技术正是基于程序局部性原理。在 Cache 系统中，把程序中正在使用的部分放到一个高速的、容量较小的 Cache 中，使 CPU 的访问内存操作绝大部分被对 Cache 的操作替换，从而提高 CPU 执行程序的速度。

2．Cache 的基本结构

Cache 的物理位置介于 CPU 和内存之间，与内存有机组合，形成完整的存储系统（如图 4-20 所示）。Cache 的存取速度与 CPU 速度相匹配，但是容量较小，Cache 中的信息是内存的一部分。

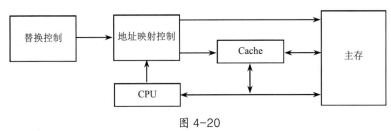

图 4-20

在 Cache 存储系统中，Cache 和主存都被划成大小相等的块，每个块由若干字节组成。由于 Cache 的容量远小于内存的容量，因此 Cache 的块数要远小于内存中块数量，Cache 中存储的信息是内存最活跃的若干块的副本。

用内存地址的块号字段访问 Cache 标记，并将取出的标记与内存地址标记段相比较。如果相等，就说明访问 Cache 是有效的，否则说明访问 Cache 不命中或失效。

3．Cache 的读写过程

当 CPU 发出读操作请求时，如果 Cache 命中，就直接对 Cache 进行读操作，不对内存进行读操作；如果不命中，就访问内存，CPU 从内存中读取需要信息，同时将对应块的信息调入相应 Cache，若此时 Cache 已满，则需要根据替换算法，用这个块替换 Cache 中原来的某块。

当 CPU 发出写请求时，如果 Cache 没命中，就直接写内存，与 Cache 无关；如果 Cache 命中，就会出现如何保持 Cache 内容与内存中内容的一致性问题，一般处理方法有直达法和回写法。

4．指令 Cache

（1）指令 Cache 的组织方案

根据指令系统的复杂性和实际情况的需要，可使用 32 个字的指令 Cache 和 32 个字的数据 Cache，或者 64 个字的指令 Cache 和 64 个字的数据 Cache。

指令 Cache 地址映射方式有三种，即直接映射、全相联映射、组相联映射。建议指令 Cache 地址映射方式采用直接映射方式，这种方式比较简单，实现相对容易。由于地址线为 16 位宽，这里采用 8 块，每块 8 个字，这样地址被划分为如图 4-21 所示。其中，Cache 中的每一块都有一个装载位来表示该数据块是否已经装载。

标志位（10 位）	行号（3 位）	块内字地址（3 位）

图 4-21

（2）指令 Cache 的填充、读取策略

由于指令系统中使用了 JMPA、MVRD、CALA 等双字指令，这里需要处理同时读出双字问题。解决办法是采用双倍的存储空间来提高效率，也就是使用两块相同大小的 RAM，分别称为 RAM1 和 RAM2。与 RAM2 不同，RAM1 需要设置标志位，来区分属于主存的哪一块。

① 填充策略

填充 Cache 时，是根据当前的程序计算器 PC 值，按下列公式计算其所在块的首地址。

$$STARTADDR = PC（15 \sim 3）\ \&\ “000”$$

从首地址 STARTADDR 开始，一次取出 9 个字（注意不是 8 个字），其中第 1 个字只填充 RAM1 的某块的第一个单元，而第 9 个字只填充 RAM2 相应块的第 8 个单元。其余字同时顺序填充在 RAM1 和 RAM2 的相应块中。

② 读取策略

在读取指令时，使用当前的 PC 值作为索引地址来同时读取两个存储体，即读 RAM1 作为第 1 个字指令，读取 RAM2 作为第 2 个字指令。这样，当指令（双字指令）命中时，读取的第 2 个字一定是该指令需要访问的立即数。同时，双存储体结构可以保证双字指令的指令字段和立即数字段要么同时在 Cache 的 RAM1 和 RAM2 中，要么同时不在 Cache 的 RAM1 和 RAM2 中，即不会出现双字指令只有第 1 个字在 Cache 的 RAM1 中，而第 2 个字不在 Cache 的 RAM2 中的情况，保证了 Cache 的读取指令执行性能。

③ Cache 缺失时的填充策略分析

在 Cache 缺失时，需要对已经在流水线中的指令进行考虑，如果流水线中的指令包括转移指令且执行结果转向一个新的地址、是否选择填充、使用哪个地址填充，那么有以下三种策略。

第一种策略是 Cache 发生缺失即开始填充，在填充过程中，如果流水线中指令发生转移，就使用新的地址进行缺失判断和填充，同时取消原来的填充。

第二种策略是在 Cache 缺失时，先不进行填充，对于五段流水线系统，在填充之前等待 4 个周期，这样所有转移指令，即使是 RET、CALL 指令，也可以得到转移信号和转移地址，然后使用转移后地址进行 Cache 缺失判断和填充。

第三种策略是 Cache 缺失即开始填充，在填充过程中如果发生转移，就暂存转移后的地址。在本次填充结束后，再使用暂存的地址进行取指和缺失判断，如果缺失，再进行填充。

第二种策略比较简单，虽然在每次填充前都需要等待，但是可以保证每次访问内存都是有效的访问，可以避免不必要的 Cache 填充或者使 Cache 的缺失尽可能延迟，即取出的指令都是有效的。所以，建议使用第二种策略。

4.2.4 实验内容和要求

① 根据流水线 CPU 结构图和 Cache 存储系统原理图，使用龙芯中科的 LS-CPU-EXB-002 实现流水线带 Cache 的 CPU。

② 完成一个数据 Cache 的性能测试程序，即将 0x100 开始的 16 个单元存放 0x68，然后取出再写入 0x200 开始的单元；对比不用 FLSH 指令和使用 FLSH 指令，0x200 开始的单元中的结果有何不同？

③ 完成一个数据 Cache 最优情况性能测试。即先写入 16 个字，初始为 0，再经过内外两

层循环，内循环把每个字取出，加 1 后再放入原存储单元，外循环完成 8 次循环，读取 8 个数据，这样访问内存次数为多少？如果直接将循环次数改成 4，那么访问内存次数又为多少？

④ 完成一个数据 Cache 最差情况性能测试。即将 R5（0x10）存到 0x100 开始的 8 个连续单元中，R6（0x50）存到 0x200 开始的 8 个连续单元中，然后 R5 加 1，R6 减 1，各自存回原单元中，重复执行 4 次，则访问内存次数是多少？

⑤ 完成一个程序，包括基本的算术逻辑指令、PUSH、POP、CALL、RET，以及内存读写指令 STRR 和 LDRR 测试，来测试该 CPU 达到预期功能。

4.2.5　可研究与探索的问题

① 在 4.2.4 节的实验②中，不用 FLSH 指令和使用 FLSH 指令，0x200 开始的单元的结果为什么不同？

② 为什么 4.2.4 节的实验③访问存储器次数远远高于实验②的访问存储器次数？

③ 同一个 8 位×8 位乘法程序，分别在无 Cache 和带 Cache 的情况下，CPU 访问存储器的次数是多少？

第 5 章
计算机组成与体系结构实践

本章实验适合软件工程、网络空间安全、网络工程等专业学生。

CPU（中央处理器）是计算机硬件的核心部分，主要由运算器、控制器、寄存器、中断控制器和内部总线构成。本章先从运算器的设计开始，再到存储器和控制器的实现，最后通过构建一个能实现基本 MIPS 指令的处理器实例，设计并实现多周期 CPU。

5.1 ALU 实验

5.1.1 实验类型

本实验为设计型实验。

5.1.2 实验目的

① 理解 ALU 的工作原理。
② 掌握 ALU 的设计方法。
③ 熟悉 MIPS 指令集中的运算指令，学会对这些指令进行归纳分类。
④ 加强运用 Verilog HDL 进行硬件设计的能力。
⑤ 熟悉 Vivado 的设计流程，具备硬件的设计仿真和测试能力。

5.1.3 实验原理

运算器是计算机中实现数据加工的部件，主要完成数据的算术和逻辑运算。根据附录 E 中列举的 CPU 准备实现的 20 条 MIPS 指令的功能，设计 ALU 的功能（如表 5-1 所示）。参加运算的两个 32 位数据分别为 a[31:0]和 b[31:0]，运算器的功能由控制信号（即操作码）aluc[3:0]决定，r[31:0]为输出结果，z 为运算后的零标志位。

表 5-1

控制信号 aluc	ALU 功能	控制信号 aluc	ALU 功能
* 0 0 0	算术加法	* 0 0 1	逻辑与
* 0 1 0	逻辑异或	* 1 0 0	算术减法
* 1 0 1	逻辑或	* 1 1 0	将 b 逻辑左移 16 位
0 0 1 1	将 b 逻辑左移 a[4:0]位	0 1 1 1	将 b 逻辑右移 a[4:0]位
1 1 1 1	将 b 算数右移 a[4:0]位	—	

注：*表示这一位既可以是 1 也可以是 0。

5.1.4 实验内容和要求

① 学习 MIPS 指令集，熟知指令类型，了解指令功能和编码，归纳基础的 ALU 运算指令，归纳确定实验中准备实现的 ALU 运算。

② 熟悉硬件平台，掌握利用显示屏观察特定信号的方法，学习软件平台和设计流程。

③ 自行设计实验方案，画出结构图，如图 5-1 所示，操作码采用二进制编码，确定 ALU 的功能。

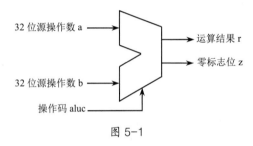

图 5-1

④ 根据设计的实验方案，使用 Verilog HDL 编写相应代码。

⑤ 对编写的代码进行仿真，得到正确的波形图。

⑥ 将以上设计作为一个单独的模块，设计一个外围模块去调用该模块，如图 5-2 所示。外围模块需调用封装好的 LCD 触摸屏模块，显示 ALU 的两个源操作数、操作码和运算结果，并且需要利用触摸功能输入源操作数。操作码可以考虑用 LCD 触摸屏输入，也可以用拨码开关输入。

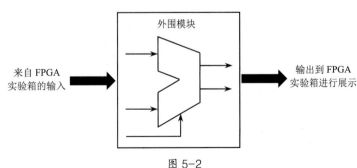

图 5-2

⑦ 将编写的代码进行综合布局布线，并下载到 FPGA 实验箱进行硬件测试，做好实验记录，验证此设计的功能。

⑧ 参考附录 C 的格式撰写实验报告，实验报告内容包括：程序设计、仿真分析、硬件测

试和实验操作步骤，以及源程序代码、仿真波形图、数据记录和实验结果分析等。

5.1.5 实验步骤

1. 创建工程

在 E 盘新建一个文件夹 ALU，然后根据以下 4 个步骤创建本实验的工程。

（1）启动 Vivado 软件，选择"File → Project → New"菜单命令，出现新建工程向导，单击"Next"按钮，输入工程名"alu"，选择工程的文件位置"E:/ALU"，如图 5-3 所示，然后单击"Next"按钮。

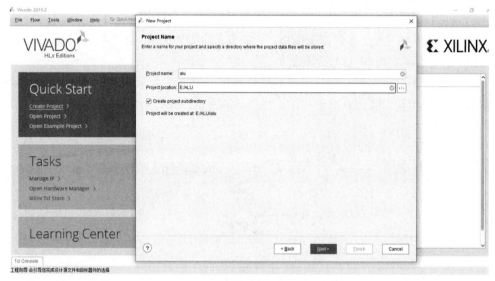

图 5-3

（2）在弹出的对话框（如图 5-4 所示）中选中"RTL Project"，勾选"Do not specify sources at this time"，然后单击"Next"按钮。

图 5-4

（3）指定 FPGA 器件，筛选器的"Family"选择为"Artix-7"，"Package"选择为"fbg676"，在筛选得到的型号中选择"xc7a200tfbg676-2"，如图 5-5 所示。

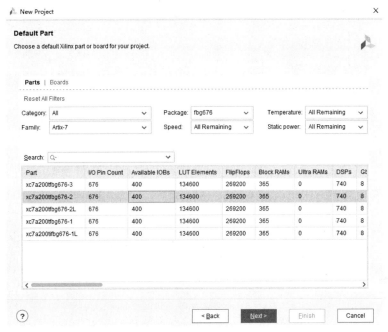

图 5-5

（4）单击"Next"按钮，出现总结界面，如图 5-6 所示，单击"Finish"按钮，完成工程的创建。

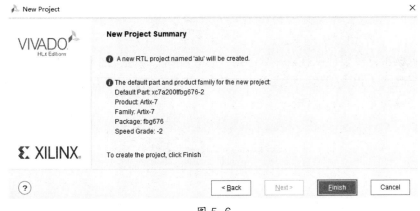

图 5-6

2．模块设计

（1）添加源文件

Verilog HDL 代码都是以".v"为后缀的文件，可以在其他文件编辑器中写好，再添加到新建的工程中，也可以在工程中新建一个文件后进行编辑。

添加 Verilog HDL 文件的方法为：在左侧工程管理区（PROJECT MANAGER）中单击"Add Sources"，在弹出的对话框中选择"Add or create design sources"（如图 5-7 所示）；单击"Next"按钮，出现如图 5-8 所示的对话框，可以按文件添加或者按文件夹添加源文件。

图 5-7

图 5-8

如果已经编辑好了设计文件，那么单击"Add Files"按钮，选择"alu.v"，单击"OK"按钮即可。如果是在工程中创建，那么单击"Create File"按钮，在出现的对话框中输入文件名"alu"，如图 5-9 所示，单击"OK"按钮。

图 5-9

ALU 功能描述的 Verilog HDL 参考代码如图 5-10 所示，请根据 ALU 的功能补充完整。ALU 有 2 个 32 位的数据输入端和 1 个 4 位的控制信号输入端，产生 1 个 32 位的运算结果和 1 个结果为零的标志位。提供的参考设计代码中使用了多分支语句来实现算术/逻辑运算器的功能。

图 5-10

本实验中，alu.v 为算术/逻辑运算器实验的主体代码，由于实验较简单，故只有这一个 .v 文件。以后的 CPU 实验则会有多个 .v 文件，形成一定的调用层次。

（2）添加外围展示模块

为了在实验箱上测试实验结果，需要设计一个外围模块 alu_display.v，用于在触摸屏上直观地显示输入和输出结果。该外围模块既要调用 alu.v，又要调用触摸屏模块。把该模块添加到工程，结果如图 5-11 所示。

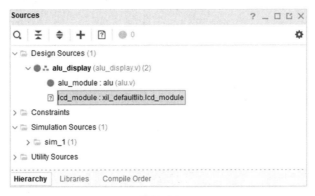

图 5-11

在项目管理区中单击"Add Sources"，然后在出现的对话框中选中"Add or create design sources"，然后单击"Next"按钮，在出现的对话框中单击"Add Files"，然后选择"alu_display.v"，单击"OK"按钮。

在项目管理区中可以看到各模块间的层次关系，顶层模块 alu_display 调用了两个子模块：一个为 alu，即算术/逻辑运算器主体代码；另一个为 lcd_module，即 LCD 触摸屏的模块。后续实验的外围展示模块可以仿照 alu_display.v 进行编辑。

在图 5-11 中，lcd_module 模块前有"？"，表示该模块还未添加。在实验配套资源设计时，将 lcd_module 模块封装为一个黑盒的网表文件，只需调用即可，而不必过分关注或迷失在 LCD 触摸屏的实现中。

继续在项目管理区中单击"Add Sources"，添加 lcd_module.dcp，如图 5-12 所示。

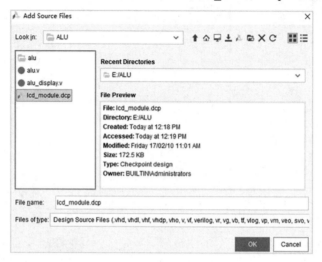

图 5-12

添加成功后，结果如图 5-13 所示。至此，代码实现都已经完成。下面需要对代码功能进行仿真，验证功能的正确性。

图 5-13

3．功能仿真

（1）仿真测试模块

在进行功能仿真时，需要先建立一个测试模块。一个比较完备的测试模块能够产生输入激励信号，送入要测试的模块，然后读出其执行结果，并与预期的结果进行比较，以此验证模块的正确性。

本实验需要产生的输入激励是 2 个参与运算的数和 1 个控制信号，该激励输入 ALU 后，会输出运算结果和零标志位信号。仿真的过程会产生波形文件，可以通过观察波形文件确定功能的正确性。如果出错，可以定位错误位置。

在项目管理区中单击"Add Sources"，然后在出现的对话框中选中"Add or create simulation sources"，添加"alu_tb.v"，如图 5-14 所示。

图 5-14

添加 alu_tb.v 后，项目管理区如图 5-15 所示，如果 alu_tb.v 前没有 top 标志，那么右击 alu_tb.v，在弹出的快捷菜单中选择"Set as Top"命令。

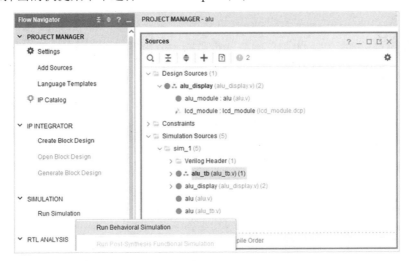

图 5-15

（2）波形仿真

在左侧的导航栏中单击"Run Simulation"，然后选择"Run Behavioral Simulation"，如果没有语法错误，就会弹出如图 5-16 所示的仿真波形界面。通过放大、缩小、缩放到全屏三个按钮和鼠标单击波形界面，可以观察特定波形区域的信息。

在仿真界面左上方的"Scopes"（图 5-16 左上第一个窗格）选择要观察信号所在源文件对象，然后在"Objects"窗口（图 5-16 左上第二个窗格）可以看到该对象所有的信号，选中要观察的信号，在弹出的快捷菜单中选择"Add To Wave Window"，添加该信号到波形窗口。

另外，当前波形窗口显示的数据均为二进制数，32 位的数不便于观察，可以在波形窗口的 Name 列中选择信号，然后在弹出的快捷菜单中选择"Radix"，可以选择数据显示的进制。本实验选择十六进制后，可以检查几组数据。如 aluc=0 时，ALU 实现加法运算，aaaaaaaa+55555555 = ffffffff，正确。

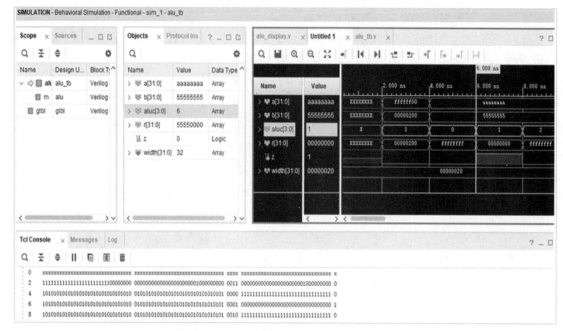

图 5-16

至此，代码编辑和功能仿真都已完成，模块功能测试正确无误后，就可以下载验证了。

4．实验方案设计

通过 LCD 触摸屏输入两个 32 位数据和控制信号，并显示运算结果和零标志位。外围展示模块 alu_display.v 的功能是调用 LCD 触摸屏，引脚对应关系表见附录 D。

通过拨码开关左 1、左 2 来选择输入数，拨上为 0，拨下为 1。拨码开关的取值与输入数的对应关系如表 5-2 所示。

表 5-2

取　值	00	10	11
输　入	控制信号 aluc	输入数据 a	输入数据 b

设计好实验验证方案后，需要添加引脚绑定的约束文件。

约束文件是将顶层模块 alu_display 的输入、输出端口与 FPGA 实验箱的 IO 接口引脚绑定，以完成在实验箱上的输入和输出，约束文件后缀名为 .xdc。

5．引脚绑定

根据引脚对应关系表（见附录 D）确定左 1、左 2 拨码开关的引脚号。将实验箱放正，下面有一排拨码开关，模块 alu_display.v 的输入选择控制信号 input_sel[1]可以由左 1 输入，即 FPGA_SW0 → AC21，input_sel[0]由左 2 输入，即 FPGA_SW1 → AD24。

添加或创建约束文件的方法为：在项目管理区中单击 "Add Sources"，在弹出的对话框中选中 "Add or create constraints"，然后单击 "Next" 按钮，在出现的对话框中添加或创建约束文件 "alu.xdc"。

因为 LCD 触摸屏相关引脚的绑定是固定不变的，所以当实验需要用到 LCD 触摸屏时，可以先添加已有的 XDC 文件，再根据需求修改 LED 和拨码开关等引脚的绑定即可。引脚绑定后，就可以对工程进行综合、布局布线和产生可烧写文件了。

6．文件下载

打开 FPGA 实验箱，将下载线与计算机相连后打开电源。双击"Generate Bitstream"，会自动进行综合、布局布线并产生可烧写文件，可以选择 Open Implemented Design 查看实现结果，如图 5-17 所示。

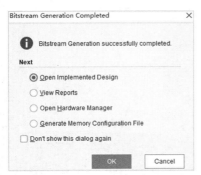

图 5-17

生成的可烧写的文件后缀为 .bit。在可烧写文件生成完成的窗格中选择"Open Hardware Manager"，进入硬件管理界面，在"HARDWARE MANAGER"窗格的提示信息中选择"Open target → Open New Target"，也可以选择"Auto Connect"自动连接器件，如图 5-18 所示。

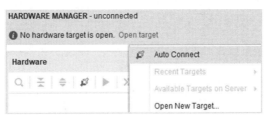

图 5-18

在硬件管理界面下调出编程器，选择可烧写的比特流文件，进行下载，即选择"Hardware Manager → Program Device → Program"，如图 5-19 所示。

图 5-19

7．实验操作与数据记录

（1）通过两个拨码开关，控制从触摸屏输入数据，从 LCD 触摸屏观察不同输入情况下的运算结果，如图 5-20 所示。

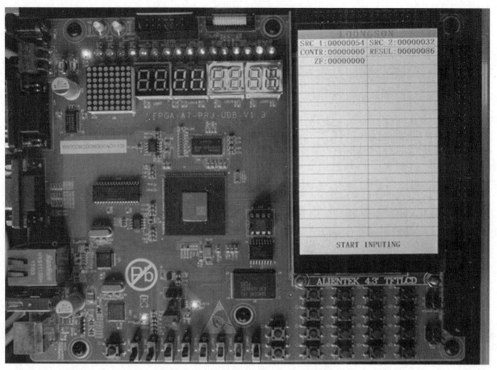

图 5-20

（2）数据记录。通过 LCD 触摸屏，使算术/逻辑运算器在不同的功能下有不同的输入数据，并将运算结果记录在表 5-3 中。

表 5-3

aluc	a	b	result	z	功　能

5.1.6　可研究与探索的问题

试用不同的方法设计这个算术/逻辑运算器，仿真并下载到实验箱，进行功能测试。

5.1.7 源代码

1. alu_display.v 源代码

```verilog
// *************************************************************
// > 文件名: alu_display.v
// > 描述 : ALU 显示模块, 调用 FPGA 板上的 IO 接口和触摸屏
// *************************************************************
module alu_display(
    // 时钟与复位信号
    input clk,
    input  resetn,                    // 后缀"n"代表低电平有效

    // 拨码开关, 用于选择输入数
    // 00: 输入为控制信号 aluc; 10: 输入为操作数 a; 11: 输入为操作数 b
    input [1:0] input_sel,

    // 触摸屏相关接口, 不需要更改
    output  lcd_rst,
    output  lcd_cs,
    output  lcd_rs,
    output  lcd_wr,
    output  lcd_rd,
    inout[15:0]  lcd_data_io,
    output  lcd_bl_ctr,
    inout  ct_int,
    inout  ct_sda,
    output  ct_scl,
    output  ct_rstn
    );
// -----{调用 ALU 模块}begin
reg  [3:0] alu_control;          // ALU 控制信号 aluc
reg  [31:0] alu_src1;            // ALU 操作数 a
reg  [31:0] alu_src2;            // ALU 操作数 b
wire  [31:0] alu_result;         // ALU 结果 r
wire  alu_z;                     // ALU 结果为零标志 z
alu alu_module(
    .aluc(alu_control),
    .a(alu_src1),
    .b(alu_src2),
    .r(alu_result),
    .z(alu_z)
);
// -----{调用 ALU 模块}end

// ---------------------{调用触摸屏模块}begin--------------------//
// -----{实例化触摸屏}begin
// 此小节不需要更改
```

```verilog
reg  _____  display_valid;
reg [39:0] display_name;
reg [31:0] display_value;
wire [5:0] display_number;
wire input_valid;
wire [31:0] input_value;

lcd_module lcd_module(
    .clk(clk),                          // 10 MHz
    .resetn(resetn),

    // 调用触摸屏的接口
    .display_valid(display_valid),
    .display_name(display_name),
    .display_value(display_value),
    .display_number(display_number),
    .input_valid(input_valid),
    .input_value(input_value),

    // LCD 触摸屏相关接口，不需要更改
    .lcd_rst(lcd_rst),
    .lcd_cs(lcd_cs),
    .lcd_rs(lcd_rs),
    .lcd_wr(lcd_wr),
    .lcd_rd(lcd_rd),
    .lcd_data_io(lcd_data_io),
    .lcd_bl_ctr(lcd_bl_ctr),
    .ct_int(ct_int),
    .ct_sda(ct_sda),
    .ct_scl(ct_scl),
    .ct_rstn (ct_rstn)
);
// -----{实例化触摸屏}end

// -----{从触摸屏获取输入}begin
// 根据实际需要输入的数据修改此小节
// 建议对每个数据的输入都编写单独的 always 块
// 当 input_sel 为 00 时，表示输入控制信号，即 aluc
always @(posedge clk)
begin
    if (!resetn)
    begin
        alu_control <= 4'd0;
    end
    else if (input_valid && input_sel == 2'b00)
    begin
        alu_control <= input_value[3:0];
    end
end

// 当 input_sel 为 10 时，表示输入操作数 a
```

```verilog
always @(posedge clk)
begin
    if (!resetn)
    begin
        alu_src1 <= 32'd0;
    end
    else if (input_valid && input_sel==2'b10)
    begin
        alu_src1 <= input_value;
    end
end

// 当 input_sel 为 11 时，表示输入操作数 b
always @(posedge clk)
begin
    if (!resetn)
    begin
        alu_src2 <= 32'd0;
    end
    else if (input_valid && input_sel==2'b11)
    begin
        alu_src2 <= input_value;
    end
end
// -----{从触摸屏获取输入}end

// -----{输出到触摸屏显示}begin
// 根据需要显示的数据修改此小节
// 触摸屏上共有 44 块显示区域，可显示 44 组 32 位数据
// 44 块显示区域从 1 开始编号，编号为 1~44
always @(posedge clk)
begin
    case(display_number)
        6'd1:
        begin
            display_valid <= 1'b1;
            display_name <= "SRC_1";
            display_value <= alu_src1;
        end
        6'd2:
        begin
            display_valid <= 1'b1;
            display_name <= "SRC_2";
            display_value <= alu_src2;
        end
        6'd3:
        begin
            display_valid <= 1'b1;
```

```verilog
                display_name <= "CONTR";
                display_value <= {20'd0, alu_control};
            end
        6'd4:
        begin
            display_valid <= 1'b1;
            display_name <= "RESUL";
            display_value <= alu_result;
        end
        6'd5:
        begin
            display_valid <= 1'b1;
            display_name <= "ZF";
            display_value <= alu_z;
        end
        default :
        begin
            display_valid <= 1'b0;
            display_name <= 40'd0;
            display_value <= 32'd0;
        end
    endcase
end
// -----{输出到触摸屏显示}end
// ---------------------{调用触摸屏模块}end---------------------//
Endmodule
```

2. 约束文件 alu.xdc 源代码

```
# 时钟信号连接
set_property PACKAGE_PIN AC19 [get_ports clk]

# 脉冲开关，用于输入作为复位信号，低电平有效
set_property PACKAGE_PIN Y3 [get_ports resetn]

# 拨码开关连接，用于输入，依次为 SW0、SW1
set_property PACKAGE_PIN AC21  [get_ports input_sel[1]]
set_property PACKAGE_PIN AD24 [get_ports input_sel[0]]

set_property IOSTANDARD LVCMOS33 [get_ports clk]
set_property IOSTANDARD LVCMOS33 [get_ports resetn]
set_property IOSTANDARD LVCMOS33 [get_ports input_sel[1]]
set_property IOSTANDARD LVCMOS33 [get_ports input_sel[0]]

# 触摸屏引脚连接
set_property PACKAGE_PIN J25 [get_ports lcd_rst]
set_property PACKAGE_PIN H18 [get_ports lcd_cs]
set_property PACKAGE_PIN K16 [get_ports lcd_rs]
set_property PACKAGE_PIN L8 [get_ports lcd_wr]
set_property PACKAGE_PIN K8 [get_ports lcd_rd]
```

```
set_property PACKAGE_PIN J15 [get_ports lcd_bl_ctr]
set_property PACKAGE_PIN H9 [get_ports {lcd_data_io[0]}]
set_property PACKAGE_PIN K17 [get_ports {lcd_data_io[1]}]
set_property PACKAGE_PIN J20 [get_ports {lcd_data_io[2]}]
set_property PACKAGE_PIN M17 [get_ports {lcd_data_io[3]}]
set_property PACKAGE_PIN L17 [get_ports {lcd_data_io[4]}]
set_property PACKAGE_PIN L18 [get_ports {lcd_data_io[5]}]
set_property PACKAGE_PIN L15 [get_ports {lcd_data_io[6]}]
set_property PACKAGE_PIN M15 [get_ports {lcd_data_io[7]}]
set_property PACKAGE_PIN M16 [get_ports {lcd_data_io[8]}]
set_property PACKAGE_PIN L14 [get_ports {lcd_data_io[9]}]
set_property PACKAGE_PIN M14 [get_ports {lcd_data_io[10]}]
set_property PACKAGE_PIN F22 [get_ports {lcd_data_io[11]}]
set_property PACKAGE_PIN G22 [get_ports {lcd_data_io[12]}]
set_property PACKAGE_PIN G21 [get_ports {lcd_data_io[13]}]
set_property PACKAGE_PIN H24 [get_ports {lcd_data_io[14]}]
set_property PACKAGE_PIN J16 [get_ports {lcd_data_io[15]}]
set_property PACKAGE_PIN L19 [get_ports ct_int]
set_property PACKAGE_PIN J24 [get_ports ct_sda]
set_property PACKAGE_PIN H21 [get_ports ct_scl]
set_property PACKAGE_PIN G24 [get_ports ct_rstn]


set_property IOSTANDARD LVCMOS33 [get_ports lcd_rst]
set_property IOSTANDARD LVCMOS33 [get_ports lcd_cs]
set_property IOSTANDARD LVCMOS33 [get_ports lcd_rs]
set_property IOSTANDARD LVCMOS33 [get_ports lcd_wr]
set_property IOSTANDARD LVCMOS33 [get_ports lcd_rd]
set_property IOSTANDARD LVCMOS33 [get_ports lcd_bl_ctr]
set_property IOSTANDARD LVCMOS33 [get_ports {lcd_data_io[0]}]
set_property IOSTANDARD LVCMOS33 [get_ports {lcd_data_io[1]}]
set_property IOSTANDARD LVCMOS33 [get_ports {lcd_data_io[2]}]
set_property IOSTANDARD LVCMOS33 [get_ports {lcd_data_io[3]}]
set_property IOSTANDARD LVCMOS33 [get_ports {lcd_data_io[4]}]
set_property IOSTANDARD LVCMOS33 [get_ports {lcd_data_io[5]}]
set_property IOSTANDARD LVCMOS33 [get_ports {lcd_data_io[6]}]
set_property IOSTANDARD LVCMOS33 [get_ports {lcd_data_io[7]}]
set_property IOSTANDARD LVCMOS33 [get_ports {lcd_data_io[8]}]
set_property IOSTANDARD LVCMOS33 [get_ports {lcd_data_io[9]}]
set_property IOSTANDARD LVCMOS33 [get_ports {lcd_data_io[10]}]
set_property IOSTANDARD LVCMOS33 [get_ports {lcd_data_io[11]}]
set_property IOSTANDARD LVCMOS33 [get_ports {lcd_data_io[12]}]
set_property IOSTANDARD LVCMOS33 [get_ports {lcd_data_io[13]}]
set_property IOSTANDARD LVCMOS33 [get_ports {lcd_data_io[14]}]
set_property IOSTANDARD LVCMOS33 [get_ports {lcd_data_io[15]}]
set_property IOSTANDARD LVCMOS33 [get_ports ct_int]
set_property IOSTANDARD LVCMOS33 [get_ports ct_sda]
set_property IOSTANDARD LVCMOS33 [get_ports ct_scl]
set_property IOSTANDARD LVCMOS33 [get_ports ct_rstn]
```

5.2 存储器实验

5.2.1 实验类型

本实验为设计型实验。

5.2.2 实验目的

① 了解只读存储器 ROM 和随机存取存储器 RAM 的原理。
② 理解 ROM 读取数据及 RAM 读取、写入数据的过程。
③ 掌握调用 Xilinx 库 IP 实例化 ROM 和 RAM 的设计方法。
④ 验证 FPGA 中 ROM 和 RAM 的功能。
⑤ 熟悉 Vivado 的设计流程,具备硬件的设计仿真和测试能力。

5.2.3 实验原理

1. 只读存储器 ROM

正常工作时,只读存储器只能随机读出,不能随机写入。Xilinx 的 FPGA 中有许多可调用的 IP 核,可构成如 ROM、RAM、FIFO 等结构的存储器。ROM 为只读存储器,需要初始化内部数据,可作为指令存储器。由于 ROM 是只读的,因此它的数据口是单向的输出端口,ROM 中的数据是在对 FPGA 现场配置时,通过配置文件一起写入存储单元的。ROM 一般有 4 组信号,包括地址信号、数据信号、时钟信号和允许信号,其参数都是可以设置的。

图 5-21 中的 ROM 有 3 组信号:clk,时钟脉冲输入信号;addr[4:0],5 位地址输入端;instruction[31:0],32 位数据输出端。

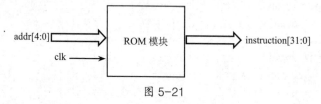

图 5-21

2. 随机存取存储器 RAM

RAM 是随机存取存储器,数据既可以读出,也可以写入。其特点是:存储器的任一存储单元的内容都可以随机存取;访问各存储单元所需的读写时间完全相同,与被访问单元的地址是无关的,可作为数据存储器。

RAM 的结构如图 5-22 所示,其输入、输出引脚定义和读写操作如下。

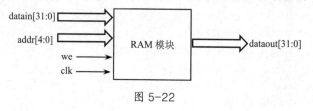

图 5-22

❖ we：读写控制端，低电平时进行读操作，高电平时进行写操作。

❖ clk：读写时钟脉冲，上升沿触发。

❖ datain[31:0]：RAM 的 32 位数据输入端。

❖ addr[4:0]：RAM 的 5 位读出和写入地址。

❖ dataout[31:0]：RAM 的 32 位数据输出端。

数据的写入：当输入数据和地址准备好以后，clk 是地址锁存时钟，当信号上升沿到来时，地址被锁存，数据写入存储单元。

数据的读出：从 addr[4:0]输入存储单元地址，在 clk 信号上升沿到来时，该单元数据从 dataout[31:0]输出。

5.2.4　实验内容和要求

① 自行设计本次实验的方案，画出结构框图，详细标出输入、输出端口，确定存储器宽度、深度和写使能位数。

② 学习 Vivado 中调用 IP 核的方法，调用 Xilinx 库 IP 实例化 ROM 和 RAM，设置参数，并通过存储器初始化文件实现数据的初始化。进行仿真，得到正确的波形图。

③ 设计一个外围模块去调用该存储模块，如图 5-23 所示。外围模块通过对封装好的 LCD 触摸屏模块的调用，能利用触摸屏输入存储器的端口地址和写数据，并实现存储器的端口地址、待写入数据和读出数据的显示。

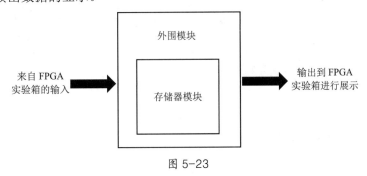

图 5-23

④ 将编写的代码进行综合布局布线，并下载到 FPGA 实验箱上进行硬件测试，做好实验记录，验证此设计的功能。

注意：存储器深度不要过大，避免耗费过多的 FPGA 资源。本实验要求实现同步存储器，而异步存储器的设计方法与寄存器堆的设计类似，不同的是，寄存器堆的读写端口是分开的，而异步 RAM 要求读写共用一个端口，可以通过增加一个写使能信号进行控制。

5.2.5　FPGA 中 ROM 定制与读出实验步骤

1. 创建工程

在 E 盘新建一个文件夹 ROM，然后从中创建工程 inst_rom，具体操作步骤如下：

① 启动 Vivado 软件，在 Quick Start 栏中单击"Create Project"，出现新建工程向导，单击"Next"按钮，输入工程名"inst_rom"，选择工程的位置"E:/ ROM"，单击"Next"按钮。

② 选择"RTL Project"，勾选"Do not specify sources at this time"，单击"Next"按钮。

③ 指定 FPGA 器件，筛选器的"Family"选择为"Artix-7"，"Package"选择为"fbg676"，在筛选得到的型号里面选择"xc7a200tfbg676-2"。

2. 模块设计

（1）初始化存储器

存储器初始化文件都是以".coe"为后缀名，可以在其他文件编辑器中写好，再添加到存储器中。这里预先给出指令存储器初始化文件 instmem.coe，其中的数据是机器指令代码。

.coe 文件为 Vivado 中 ROM 初始化文件，其格式如下：

```
1   memory_initialization_radix = 16;
2   memory_initialization_vector =
3   3c010000
4   34240080
5   ......
```

第 1 行指定了初始化数据格式，此处为十六进制，也可以设置为二进制。第 2 行说明从第 3 行开始为初始化的数据向量，由于 ROM 宽度为 32 位，故一个初始化向量为 32 位数据。初始化向量之间必须用空格或换行符隔开，此处使用换行符，故一行为一个初始化向量。初始化数据会从 ROM 中的 0 地址处开始依次填充。当初始化数据格式设置为二进制时，后续的初始化向量需要用二进制数据编写。

（2）生成 IP 核 ROM

生成 ROM 首先要新建一个 IP 核，取名为 inst_rom，单击"IP Catalog"，打开 IP 目录，如图 5-24 所示。

图 5-24

在"IP Catalog"中选择"Memories & Storage Elements → RAMs & ROMs & BRAM → Block Memory Generator"（如图 5-25 所示）。

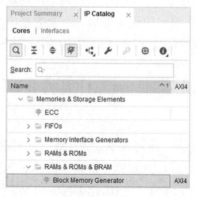

图 5-25

在出现的设置存储器参数界面中，依次选择 Memory 的参数（如图 5-26 所示），在 "Component Name" 文本框中输入 "inst_rom"，ROM 为只读，因此选择单端口，即选择 "Memory Type" 类型为 "Single Port ROM"。

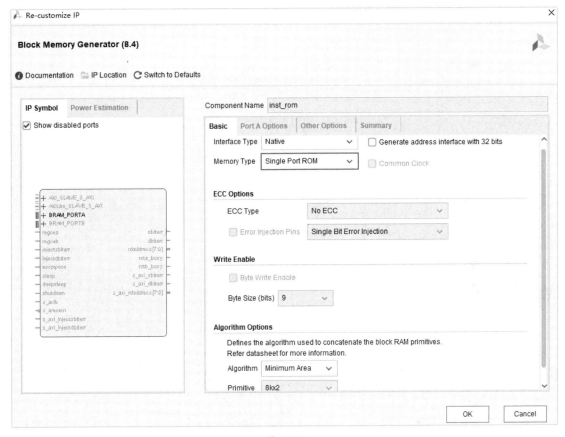

图 5-26

单击 "Port A Options"，设置宽度和深度，"Enalbe Port Type" 选择为 "Always Enabled"（如图 5-27 所示）；宽度需要设置为 32 位，因为一条指令占用 32 位，深度可以依据自己要执行的指令数设定，此处先设定为 32。

选择 "Other Options" 选项卡，给 ROM 装载初始数据（如图 5-28 所示）；勾选 "Load Init File"，并选中需要装载的初始化文件 instmem.coe。

至此，生成 ROM 的所有参数都已设置完成，单击 "OK" 和 "Generate" 按钮，生成 ROM，如图 5-29 所示。以后需要更改参数设置或初始化文件时，双击其中的 XCI 文件即可。

（3）添加外围展示模块

按照实验要求，还需要一个外围模块 inst_rom_display.v 和黑盒网表文件 lcd_module 模块。外围模块调用 inst_rom.v 和触摸屏模块，以便在实验箱上测试实验结果。添加该模块到工程中，结果如图 5-30 所示。

在项目管理区中单击 "Add Sources"，然后在弹出的对话框中选中 "Add or create design sources"，单击 "Next" 按钮，在弹出的对话框中单击 "Add Files" 按钮，再在弹出的对话框中选择 inst_rom_display.v 和 lcd_module.dcp，然后单击 "OK" 按钮。

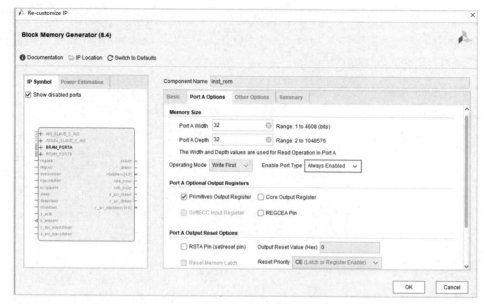

图 5-27

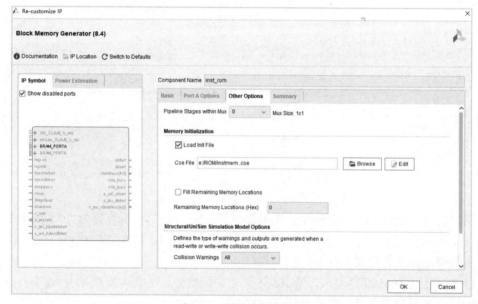

图 5-28

图 5-29

图 5-30

添加成功后,在工程管理区可以看到各模块间的层次关系,顶层模块为 inst_rom_display,调用了两个子模块:一个为 inst_rom,即指令存储器;另一个为 lcd_module,即 LCD 触摸屏模块。至此,模块设计已经完成。

下面需要对指令存储器的功能进行仿真,验证其能否根据输入的地址,输出相应的指令。

3. 功能仿真

(1)仿真测试模块

对指令存储器进行功能仿真前需要建立一个测试模块 inst_rom_tb.v。测试模块需要产生同步时钟和地址,送入 inst_rom 模块,然后读出 inst_rom 对应地址存放的指令。仿真的过程中会产生波形文件,可以通过观察波形文件确定指令存储器功能的正确性。

在项目管理区中单击"Add Sources",然后在弹出的对话框中选中"Add or create simulation sources",添加"inst_ rom_tb.v"。添加后,inst_rom_tb.v 前面没有 top 标志,右击"inst_rom_tb.v",在弹出的快捷菜单中选择"Set as Top"命令。

(2)波形仿真

在左侧导航栏中单击"Run Simulation",然后选择"Run Behavioral Simulation",如果没有语法错误,就会弹出仿真波形界面。

本实验中选择十六进制后,可以检查几组数据。如当 address=0 时,访问地址为 0 的存储单元,输出指令为 3c010000,对应的指令为 lui   r1, 0。类似地,通过观察波形,可以查看存储器模块输出结果是否正确。

4. 实验方案设计

通过 LCD 触摸屏输入存储器的地址,并显示对应的指令。外围展示模块 inst_rom_display.v 的功能是调用 LCD 触摸屏,通过实验箱进行存储器功能验证。

5. 引脚绑定

约束文件是将顶层模块 inst_rom_display 的输入、输出端口与 FPGA 实验箱的 IO 接口引脚绑定,以完成在实验箱上的输入和输出。

添加或创建约束文件的方法为:在项目管理区中单击"Add Sources",在弹出的对话框中选中"Add or create constraints",然后单击"Next"按钮,添加或创建约束文件 inst_rom.xdc。

引脚绑定后，就可以对工程进行综合、布局布线和产生可烧写文件了。

6．文件下载

打开 FPGA 实验箱，将下载线与计算机相连，打开电源。双击"Generate Bitstream"，会自动进行综合、布局布线并产生可烧写文件。

在可烧写文件生成完成的窗格中选择"Open Hardware Manager"，进入硬件管理界面，在"Hardware Manager"窗格的提示信息中选择"Open Target → Auto Connect"自动连接器件。

在硬件管理界面下调出编程器，选择可烧写的流文件 inst_rom_display.bit（如图 5-31 所示），进行下载，即选择"Hardware Manager → Program Device → Program"。

图 5-31

7．实验操作与数据记录

① 通过 LCD 触摸屏，输入存储器地址，观察输出的指令，如图 5-32 所示。

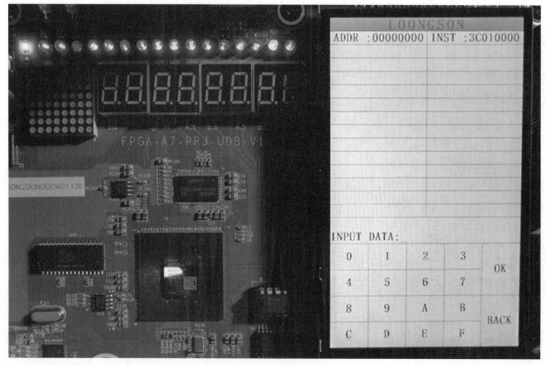

图 5-32

② 数据记录。通过 LCD 触摸屏，输入几个不同的存储器地址，并将结果记录在表 5-4 中。

表 5-4

ADDR	INST	指令功能

5.5.6　FPGA 的 RAM 定制与读写实验

1．创建工程

在 E 盘新建一个文件夹 RAM，然后从中创建工程 data_ram，具体操作步骤与创建指令存储器 inst_rom 类似。

2．模块设计

（1）初始化存储器

预先编辑好数据存储器初始化文件 data_ram.coe。

（2）生成 IP 核 ROM

生成 ROM 要先新建一个 IP 核，取名为 data_ram，单击"IP Catalog"，打开 IP 目录；在右侧列表中选择"Memories and Storage Elements → RAMs & ROMs & BRAM → Block Memory Generator"，在出现的设置存储器参数界面上依次选择 Memory 的参数，如图 5-33 所示。

图 5-33

在"Component Name"文本框中输入"data_ram"，由于 ROM 为可读写的，因此选择双端口，即选择"Memory"类型为"True Dual Port RAM"；勾选"Write Enable"下的"Byte Write Enable"，"Byte Size"（bits 选择为"8"），后续 CPU 实验中存在写 1 字节的 store 指令，故需要数据 RAM 为字节写使能。

Basic 部分设置完成后，单击"Port A Options"选项卡，设置宽度和深度，"Enalbe Port Type"选择为"Always Enabled"，宽度需要设置为 32 位，因为后续 CPU 实验是基于 32 位数据运算的。深度可以依据自己要执行的指令数设定，此处先设定为 32。在"Port B options"选项卡下进行同样的设置。

选择"Other Options"选项卡，勾选"Load Init File"，选择需要装载的初始化文件 data_ram.coe。至此，生成 RAM 的所有参数都已设置完成，单击"OK"和"Generate"按钮，生成 data_ram.xci，如图 5-34 所示。以后需要更改参数设置或初始化文件时，双击中的 XCI 文件即可。

图 5-34

（3）添加外围展示模块

按照实验要求，还需要外围模块 data_ram_display.v 和黑盒网表文件 lcd_module 模块。外围模块调用 data_ram.v 和触摸屏模块，以便在实验箱上测试实验结果。

添加该模块到工程，在项目管理区中单击"Add Sources"，在弹出的对话框中选中"Add or create design sources"，然后单击"Next"按钮，在弹出的对话中单击"Add Files"按钮，选择 inst_rom_display.v 和 lcd_module.dcp，然后单击"OK"按钮。

添加成功后，在工程管理区可以看到各模块间的层次关系，顶层模块为 data_ram_display，调用了两个子模块：一个为 data_ram，即数据存储器；另一个为 lcd_module，即 LCD 触摸屏模块。至此，模块设计完成，下面需要对数据存储器的功能进行仿真，验证其能否正确地读写数据。

3．功能仿真

（1）仿真测试模块

对数据存储器进行功能仿真前，需要建立一个测试模块 data_ram_tb.v。测试模块需要产生同步时钟、读写控制信号、输入数据和地址，送入 data_ram 模块，然后读出 data_ram 对应地址存放的数据。仿真过程中会产生波形文件，可以通过观察波形文件验证数据存储器的功能。

在项目管理区中单击"Add Sources"，然后在弹出的对话框中选中"Add or create simulation sources"，添加 data_ram_tb.v。添加后，data_ram_tb.v 前没有 top 标志，右击 data_ram_tb.v，在弹出的快捷菜单中选择"Set as Top"命令。

（2）波形仿真

在左侧导航栏中单击"Run Simulation"，然后在弹出的对话框中选择"Run Behavioral Simulation"，如果没有语法错误，就会弹出仿真波形界面。本实验选择十六进制后，可以检查几组读写数据。如当 address=14 时，访问地址为 14 的存储单元，读出数据 000000A3。

4．实验方案设计

通过 LCD 触摸屏输入存储器的读写控制信号、输入数据和地址，并显示输出数据。外围展示模块 data_ram_display.v 的功能是调用 LCD 触摸屏，通过实验箱进行功能验证。

通过拨码开关左 1、左 2 来选择输入数，拨上为 0，拨下为 1。拨码开关的取值与输入数的对应关系填入表 5-5。

表 5-5

拨码开关取值			
输入信号			

5．引脚绑定

根据引脚对应关系表（见附录 D），确定左 1、左 2 拨码开关的引脚：FPGA_SW0→AC21，FPGA_SW1→AD24。

添加或创建约束文件的方法为：在项目管理区中单击"Add Sources"，在弹出的对话框中选中"Add or create constraints"，然后单击"Next"按钮，添加或创建约束文件 data_ram.xdc。

引脚绑定后，就可以对工程进行综合、布局布线和产生可烧写文件了。

6．文件下载

打开 FPGA 实验箱，将下载线与计算机相连，打开电源。双击"Generate Bitstream"，会自动进行综合、布局布线并产生可烧写文件。

在可烧写文件生成完成的窗格中选择"Open Hardware Manager"，进入硬件管理界面，在"Hardware Manager"窗格的提示信息中选择"Open Target → Auto Connect"，自动连接器件。

在硬件管理界面下调出编程器，选择可烧写的流文件 data_ram_display.bit，进行下载，即选择"Hardware Manager → Program Device → Program"。

7．实验操作与数据记录

① 通过 LCD 触摸屏，输入存储器的读写控制信号、输入数据和地址，观察输出的数据。

② 数据记录。通过 LCD 触摸屏，给存储器输入若干读写数据，并记录结果，记录表的格式请自行设计。

5.2.7　可研究与探索的问题

试用不同的方法设计 ROM 和 RAM 存储器，仿真并下载到实验箱，进行功能测试。

5.2.8 源代码

1. inst_rom_display.v 源代码

```verilog
//*********************************************************************
//  > 文件名: inst_rom_display.v
//  > 描述：指令存储器显示模块，调用 FPGA 板上的 IO 接口和触摸屏
//*********************************************************************
module inst_rom_display(
    // 时钟与复位信号
    input  clk,
    input  resetn,                          // 后缀"n"代表低电平有效

    // 触摸屏相关接口，不需要更改
    output lcd_rst,
    output lcd_cs,
    output lcd_rs,
    output lcd_wr,
    output lcd_rd,
    inout  [15:0] lcd_data_io,
    output lcd_bl_ctr,
    inout  ct_int,
    inout  ct_sda,
    output ct_scl,
    output ct_rstn
    );
    // -----{调用指令存储器模块}begin
    reg  [31:0] addr;
    wire [31:0] inst;

    inst_rom inst_rom_module(
        .clka(clk),
        .addra(addr[9:2]),
        .douta(inst)
    );
    // -----{调用指令存储器模块}end

    // --------------------{调用触摸屏模块}begin--------------------//
    // -----{实例化触摸屏}begin
    // 此小节不需要更改
    reg  display_valid;
    reg  [39:0] display_name;
    reg  [31:0] display_value;
    wire [5 :0] display_number;
    wire input_valid;
    wire [31:0] input_value;

    lcd_module lcd_module(
```

```verilog
    .clk(clk),                          // 10MHz
    .resetn(resetn),

    // 调用触摸屏的接口
    .display_valid(display_valid),
    .display_name(display_name),
    .display_value(display_value),
    .display_number(display_number),
    .input_valid(input_valid),
    .input_value(input_value),

    // LCD 触摸屏相关接口，不需要更改
    .lcd_rst(lcd_rst),
    .lcd_cs(lcd_cs),
    .lcd_rs(lcd_rs),
    .lcd_wr(lcd_wr),
    .lcd_rd(lcd_rd),
    .lcd_data_io(lcd_data_io),
    .lcd_bl_ctr(lcd_bl_ctr),
    .ct_int(ct_int),
    .ct_sda(ct_sda),
    .ct_scl(ct_scl),
    .ct_rstn(ct_rstn)
);
// -----{实例化触摸屏}end


// -----{从触摸屏获取输入}begin
// 根据实际需要输入的数据修改此小节
// 建议对每个数据的输入分别编写单独的 always 块
always @(posedge clk)
begin
    if (!resetn)
    begin
        addr <= 32'd0;
    end
    else if (input_valid)
    begin
        addr[31:2] <= input_value[31:2];
    end
end
// -----{从触摸屏获取输入}end


// -----{输出到触摸屏显示}begin
// 根据需要显示的数据修改此小节
// 触摸屏上共有 44 块显示区域，可显示 44 组 32 位数据
// 44 块显示区域从 1 开始编号，编号为 1~44
always @(posedge clk)
begin
```

```
        case(display_number)
            6'd1:
            begin
                display_valid <= 1'b1;
                display_name  <= "ADDR";
                display_value <= addr;
            end
            6'd2:
            begin
                display_valid <= 1'b1;
                display_name  <= "INST ";
                display_value <= inst;
            end
            default :
            begin
                display_valid <= 1'b0;
                display_name  <= 40'd0;
                display_value <= 32'd0;
            end
        endcase
    end
    //-----{输出到触摸屏显示}end
    //---------------------{调用触摸屏模块}end---------------------//
endmodule
```

2. 约束文件 inst_rom.xdc 源代码

```
# 时钟信号连接
set_property PACKAGE_PIN AC19 [get_ports clk]
set_property IOSTANDARD LVCMOS33 [get_ports clk]

# 脉冲开关，用于输入作为复位信号，低电平有效
set_property PACKAGE_PIN Y3 [get_ports resetn]
set_property IOSTANDARD LVCMOS33 [get_ports resetn]

# 触摸屏引脚连接
set_property PACKAGE_PIN J25 [get_ports lcd_rst]
set_property PACKAGE_PIN H18 [get_ports lcd_cs]
set_property PACKAGE_PIN K16 [get_ports lcd_rs]
set_property PACKAGE_PIN L8 [get_ports lcd_wr]
set_property PACKAGE_PIN K8 [get_ports lcd_rd]
set_property PACKAGE_PIN J15 [get_ports lcd_bl_ctr]
set_property PACKAGE_PIN H9 [get_ports {lcd_data_io[0]}]
set_property PACKAGE_PIN K17 [get_ports {lcd_data_io[1]}]
set_property PACKAGE_PIN J20 [get_ports {lcd_data_io[2]}]
set_property PACKAGE_PIN M17 [get_ports {lcd_data_io[3]}]
set_property PACKAGE_PIN L17 [get_ports {lcd_data_io[4]}]
set_property PACKAGE_PIN L18 [get_ports {lcd_data_io[5]}]
set_property PACKAGE_PIN L15 [get_ports {lcd_data_io[6]}]
set_property PACKAGE_PIN M15 [get_ports {lcd_data_io[7]}]
```

```
set_property PACKAGE_PIN M16 [get_ports {lcd_data_io[8]}]
set_property PACKAGE_PIN L14 [get_ports {lcd_data_io[9]}]
set_property PACKAGE_PIN M14 [get_ports {lcd_data_io[10]}]
set_property PACKAGE_PIN F22 [get_ports {lcd_data_io[11]}]
set_property PACKAGE_PIN G22 [get_ports {lcd_data_io[12]}]
set_property PACKAGE_PIN G21 [get_ports {lcd_data_io[13]}]
set_property PACKAGE_PIN H24 [get_ports {lcd_data_io[14]}]
set_property PACKAGE_PIN J16 [get_ports {lcd_data_io[15]}]
set_property PACKAGE_PIN L19 [get_ports ct_int]
set_property PACKAGE_PIN J24 [get_ports ct_sda]
set_property PACKAGE_PIN H21 [get_ports ct_scl]
set_property PACKAGE_PIN G24 [get_ports ct_rstn]

set_property IOSTANDARD LVCMOS33 [get_ports lcd_rst]
set_property IOSTANDARD LVCMOS33 [get_ports lcd_cs]
set_property IOSTANDARD LVCMOS33 [get_ports lcd_rs]
set_property IOSTANDARD LVCMOS33 [get_ports lcd_wr]
set_property IOSTANDARD LVCMOS33 [get_ports lcd_rd]
set_property IOSTANDARD LVCMOS33 [get_ports lcd_bl_ctr]
set_property IOSTANDARD LVCMOS33 [get_ports {lcd_data_io[0]}]
set_property IOSTANDARD LVCMOS33 [get_ports {lcd_data_io[1]}]
set_property IOSTANDARD LVCMOS33 [get_ports {lcd_data_io[2]}]
set_property IOSTANDARD LVCMOS33 [get_ports {lcd_data_io[3]}]
set_property IOSTANDARD LVCMOS33 [get_ports {lcd_data_io[4]}]
set_property IOSTANDARD LVCMOS33 [get_ports {lcd_data_io[5]}]
set_property IOSTANDARD LVCMOS33 [get_ports {lcd_data_io[6]}]
set_property IOSTANDARD LVCMOS33 [get_ports {lcd_data_io[7]}]
set_property IOSTANDARD LVCMOS33 [get_ports {lcd_data_io[8]}]
set_property IOSTANDARD LVCMOS33 [get_ports {lcd_data_io[9]}]
set_property IOSTANDARD LVCMOS33 [get_ports {lcd_data_io[10]}]
set_property IOSTANDARD LVCMOS33 [get_ports {lcd_data_io[11]}]
set_property IOSTANDARD LVCMOS33 [get_ports {lcd_data_io[12]}]
set_property IOSTANDARD LVCMOS33 [get_ports {lcd_data_io[13]}]
set_property IOSTANDARD LVCMOS33 [get_ports {lcd_data_io[14]}]
set_property IOSTANDARD LVCMOS33 [get_ports {lcd_data_io[15]}]
set_property IOSTANDARD LVCMOS33 [get_ports ct_int]
set_property IOSTANDARD LVCMOS33 [get_ports ct_sda]
set_property IOSTANDARD LVCMOS33 [get_ports ct_scl]
set_property IOSTANDARD LVCMOS33 [get_ports ct_rstn]
```

3. ROM 初始化文件 instmem.coe

```
memory_initialization_radix = 16;
memory_initialization_vector =
3c010000
34240080
20050004
0c000018
ac820000
8c890000
```

```
01244022
20050003
20a5ffff
34a8ffff
39085555
2009ffff
312affff
01493025
01494026
01463824
10a00001
08000008
2005ffff
000543c0
00084400
00084403
000843c2
08000017
00004020
8c890000
20840004
01094020
20a5ffff
14a0fffb
00081000
03e00008
```

5.3　多周期控制器实验

5.3.1　实验类型

本实验为设计型实验。

5.3.2　实验目的

① 具有多周期控制器的设计能力。
② 掌握用 Verilog HDL 实现有限状态机的常用方法。
③ 熟悉 Vivado 的设计流程，具备硬件的设计仿真和测试能力。
④ 测试多周期控制器的功能。

5.3.3　实验原理

控制器是 CPU 的重要组成部分，是整个计算机的控制核心。控制器的功能是按照程序预定的顺序执行每条指令。每条指令都是在控制器的控制下按照取指令、分析指令和执行指令的步骤依次完成的，这就需要控制器必须在正确的时间准确地产生各部件的控制信号，使计算机能够有条不紊地完成所有指令的功能。

多周期 CPU 把指令执行分成多个阶段，每个阶段在一个时钟周期内完成，如取指、译码、执行、访存、写回。此时，不同指令所用周期数可以不同，每个周期只做一部分操作。

将 CPU 划分为多周期的优势在于，每个时钟周期内 CPU 需要做的工作就变少，因此时钟周期短、时钟频率高；每个部件做的事情单一，如取指部件只负责从指令存储器中取出指令，因此 CPU 可以进行流水工作，相当于一个时钟周期完成一条指令，CPU 可以更快地运行。

多周期 MIPS CPU 的控制部件的状态转移如图 5-35 所示，每个状态对应一个周期。

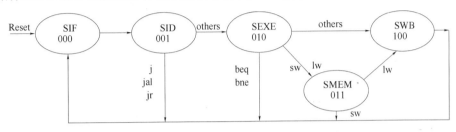

图 5-35

本实验根据状态及指令直接对控制信号赋值，中间变量 next_state 意为下一状态。在当前状态中，根据指令对 next_state 赋值，并在每个时钟上升沿把 next_state 存入状态寄存器，这是用 Verilog HDL 实现有限状态机时常用的方法。

5.3.4　实验内容和要求

① 学习 MIPS 指令集，深入理解常用指令的功能和编码，并进行归纳确定处理器各部件的控制码，如使用何种运算、是否写寄存器堆等。

② 参考附录 E，根据本实验准备实现的 20 条 MIPS 指令和最后一行跳转指令的示例，将表 5-6 补充填写完整。

表 5-6

指令类型	汇编指令	指令码	源操作数 1	源操作数 2	目的寄存器	功能描述
R 型指令	add　rd , rs , rt	000000 rs | rt | rd | 00000|100000				
I 型指令	addi　rt, rs, imm	001000 rs | rt |imm				
J 型指令	j target	000010 | target	PC	target	PC	跳转 PC={PC[31:28], target, 2'b00}

③ 自行设计本实验的方案，画出结构框图，多周期 MIPS CPU 的控制部件的大致结构如图 5-36 所示。

④ 根据设计的实验方案，使用 Verilog HDL 编写相应代码。

⑤ 对编写的代码进行仿真，得到正确的波形图。

⑥ 将以上设计作为一个单独的模块，设计一个外围模块去调用该模块，如图 5-37 所示。

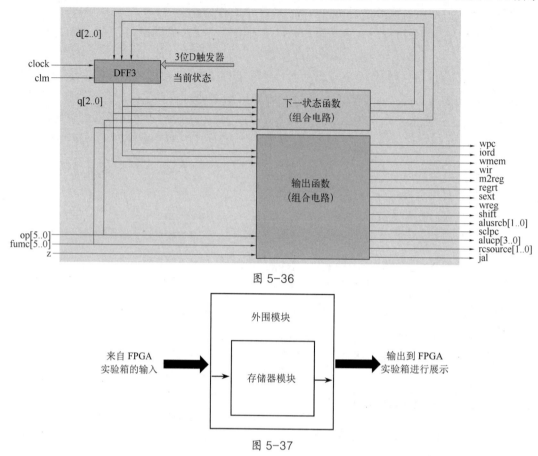

图 5-36

图 5-37

外围模块中需调用封装好的 LCD 触摸屏模块，观察多周期 CPU 的控制器的状态和各输出控制信号的值等，并且需要利用触摸功能输入指令的操作码、功能码，以达到实时观察控制信号变化的效果。通过这些手段，可以在实验箱上充分验证 CPU 的正确性。

⑦ 将编写的代码进行综合布局布线，并下载到 FPGA 实验箱上进行硬件测试，做好实验记录，验证此设计的功能。

⑧ 参考附录 C 的格式撰写实验报告，实验报告内容包括：程序设计、仿真分析、硬件测试和实验操作步骤，以及源程序代码、仿真波形图、数据记录和实验结果分析等。

5.3.5 实验步骤

1. 创建工程

在 E 盘新建一个文件夹 MCCU，然后从中创建本实验的工程。

启动 Vivado 软件，选择"File → Project → New"菜单命令，出现新建工程向导，单击"Next"按钮，输入工程名"mccu"，选择工程的文件位置"E:/MCCU"；指定 FPGA 器件，在筛选器中，"Family"选择为"Artix-7"，"Package"选择为"fbg676"，在筛选得到的型号中选择"xc7a200tfbg676-2"。

2．模块设计

（1）添加源文件

多周期控制器实验的主体代码 mccu.v，可以在其他文件编辑器中写好，再添加到新建的工程中，也可以在工程中新建一个再编辑。

添加已有 Verilog HDL 文件的方法为：在项目管理区中单击"Add Sources"，在弹出的对话框中选中"Add or create design sources"。

多周期控制器有 2 个 6 位输入端，分别输入操作码和功能码、3 个 1 位输入端，分别输入零标志位、复位信号和时钟信号，产生多个控制信号和下一个状态。

（2）添加外围展示模块

按照实验要求，还需要外围模块 mccu_display.v。该外围模块调用控制器模块 mccu.v 和触摸屏模块，以便在实验箱上测试实验结果。在其他文件编辑器中写好，再把该模块添加到工程。

添加成功后，结果如图 5-38 所示。

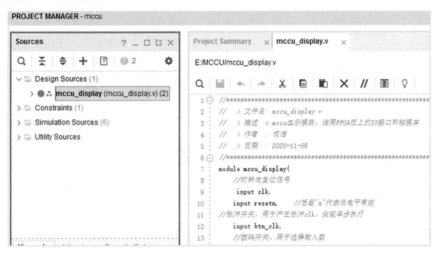

图 5-38

至此，代码实现都已经完成，下面需要对代码功能进行仿真，验证功能的正确性。

3．功能仿真

（1）仿真测试模块

在进行功能仿真时，需要先建立一个测试模块 mccu_tb.v。本实验需要产生的输入激励就是指令的操作码、功能码和零标志位，激励输入多周期控制器后，会输出控制信号和状态。

在项目管理区中单击"Add Sources"，然后在弹出的对话框中选中"Add or create simulation sources"，添加"mccu_tb.v"。如果 mccu_tb.v 前没有 top 标志，那么右击 mccu_tb.v，在弹出的快捷菜单中选择"Set as Top"命令。

（2）波形仿真

在左侧导航栏中单击"Run Simulation"，然后选择"Run Behavioral Simulation"，如果没有语法错误，就会弹出仿真波形界面，可以通过观察波形验证多周期控制器的功能。

4．实验方案设计

通过 LCD 触摸屏输入指令的操作码、功能码和零标志位，并显示控制信号和状态。外围展示模块 mccu_display.v 的功能是调用 LCD 触摸屏，通过实验箱进行功能验证。

通过拨码开关左 1、左 2 选择输入，拨上为 0，拨下为 1。拨码开关的取值与输入的对应关系，请自行设计并填入表 5-7。

表 5-7

拨码开关取值			
输入信号			

5．引脚绑定

根据引脚对应关系表（见附录 D），确定左 1、左 2 拨码开关的引脚：FPGA_SW0→AC21，FPGA_SW1→AD24。

添加或创建约束文件的方法为：在项目管理区中单击"Add Sources"，在弹出的对话框中选中"Add or create constraints"，然后单击"Next"按钮，添加或创建约束文件 mccu.xdc。

引脚绑定后，就可以对工程进行综合、布局布线和产生可烧写文件了。

6．文件下载

打开 FPGA 实验箱，将下载线与计算机相连后，打开电源。双击"Generatc Bitstrcam"，会自动进行综合、布局布线并产生可烧写文件。

在可烧写文件生成完成的窗格中选择"Open Hardware Manager"，进入硬件管理界面，在"Hardware Manager"窗格的提示信息中选择"Open Target → Auto Connect"，自动连接器件。

在硬件管理界面下调出编程器，选择可烧写的流文件 mccu_display.bit，进行下载，即选择"Hardware Manager → Program Device → Program"。

7．实验操作与数据记录

① 通过两个拨码开关，将触摸屏输入数据送到控制器不同的输入端；通过 LCD 触摸屏，输入指令的操作码和功能码，观察输出的控制信号。

② 数据记录。通过 LCD 触摸屏，给多周期控制器输入若干指令的操作码和功能码，并记录结果，记录表的格式请自行设计。

5.3.6 可研究与探索的问题

试用不同的方法设计多周期控制器，仿真并下载到实验箱，进行功能测试。

5.3.7 源代码

1．mccu_display.v 源代码（补充完整）

```
//*************************************************************
//   > 文件名: mccu_display.v
//   > 描述 : mccu 显示模块，调用 FPGA 板上的 IO 接口和触摸屏
//*************************************************************
```

```verilog
module mccu_display(
    // 时钟与复位信号
    input clk,
    input resetn,                          // 后缀"n"代表低电平有效
    // 脉冲开关，用于产生脉冲 clk，实现单步执行
    input btn_clk,
    // 拨码开关，用于选择输入数
    // 00:输入为操作码(op); 10:输入为功能码(func)
    // 11:输入为零标志位(z)
    input [1:0] input_sel,

    // 触摸屏相关接口，不需要更改
    output lcd_rst,
    output lcd_cs,
    output lcd_rs,
    output lcd_wr,
    output lcd_rd,
    inout [15:0] lcd_data_io,
    output lcd_bl_ctr,
    inout ct_int,
    inout ct_sda,
    output ct_scl,
    output ct_rstn
    );
    // -----{时钟和复位信号}begin
    // 不需要更改，用于单步调试
    wire cpu_clk;                          // 多周期 CPU 使用脉冲开关作为时钟，以实现单步执行
    reg btn_clk_r1;
    reg btn_clk_r2;
    always @(posedge clk)
    begin
        if (!resetn)
        begin
            btn_clk_r1<= 1'b0;
        end
        else
        begin
            btn_clk_r1 <= ~btn_clk;
        end
        btn_clk_r2 <= btn_clk_r1;
    end

    wire clk_en;
    assign clk_en = !resetn || (!btn_clk_r1 && btn_clk_r2);
    BUFGCE cpu_clk_cg(.I(clk),.CE(clk_en),.O(cpu_clk));
    // -----{时钟和复位信号}end
    // -----{调用 mccu 模块}begin
    reg [5:0] op;                          // 操作码
```

```verilog
    reg  [5:0] func;                        // 功能码
  // -----{此处省略，请自行编写} ALU 结果为零标志

    wire [3:0] aluc;                        // ALU 控制信号
    wire [1:0] alusrcb, pcsource;
  // -----{此处省略，请自行编写}

    wire [2:0] state;
    mccu  m(
        .op(op),
        .func(func),
        .z(z),
        .clock(cpu_clk),
        // -----{此处省略，请自行编写}

    );
  // -----{调用 mccu 模块}end

  // --------------------{调用触摸屏模块}begin--------------------//
  // -----{实例化触摸屏}begin
  // 此小节不需要更改
    reg  display_valid;
    reg  [39:0] display_name;
    reg  [31:0] display_value;
    wire [5 :0] display_number;
    wire input_valid;
    wire [31:0] input_value;

    lcd_module lcd_module(
        .clk(clk),                          // 10 MHz
        .resetn(resetn),

        // 调用触摸屏的接口
        .display_valid(display_valid),
        .display_name(display_name),
        .display_value(display_value),
        .display_number(display_number),
        .input_valid(input_valid),
        .input_value(input_value),

        // LCD 触摸屏相关接口，不需要更改
        .lcd_rst(lcd_rst),
        .lcd_cs(lcd_cs),
        .lcd_rs(lcd_rs),
        .lcd_wr(lcd_wr),
        .lcd_rd(lcd_rd),
        .lcd_data_io(lcd_data_io),
        .lcd_bl_ctr(lcd_bl_ctr),
```

```
        .ct_int(ct_int),
        .ct_sda(ct_sda),
        .ct_scl(ct_scl),
        .ct_rstn(ct_rstn)
);
//-----{实例化触摸屏}end

//-----{从触摸屏获取输入}begin
// 根据实际需要输入的数修改此小节
// 建议对每个数的输入分别编写单独的 always 块
// 当 input_sel 为 00 时，表示输入 op
always @(posedge clk)
begin
    if (!resetn)
    begin
        op <= 4'd0;
    end
    else if (input_valid && input_sel==2'b00)
    begin
        op <= input_value[5:0];
    end
end


//-----{此处省略，请自行编写}


//-----{从触摸屏获取输入}end


// -----{输出到触摸屏显示}begin
// 根据需要显示的数修改此小节
// 触摸屏上共有 44 块显示区域，可显示 44 组 32 位数据
// 44 块显示区域从 1 开始编号，编号为 1~44
always @(posedge clk)
begin
    case(display_number)
        6'd1:
        begin
            display_valid <= 1'b1;
            display_name  <= "OP";
            display_value <= op;
        end
        6'd2:
        begin
            display_valid <= 1'b1;
            display_name  <= "FUNC";
            display_value <= func;
        end
        //-----{此处省略，请自行编写}
```

```
                default:
                begin
                    display_valid <= 1'b0;
                    display_name  <= 40'd0;
                    display_value <= 32'd0;
                end
            endcase
        end
    // -----{输出到触摸屏显示}end
    // --------------------{调用触摸屏模块}end--------------------//
endmodule
```

2. 仿真测试文件 mccu_tb.v 源代码（补充完整）

```
//********************************************************************
//   > 文件名: mccu_tb.v
//   > 描述  : mccu 仿真测试模块
//********************************************************************
`timescale 1ns/1ns
`include "mccu.v"
module mccu_tb;
    //--------------Input Ports----------------------
    reg clock, resetn, z;              // resetn=1, 正常工作; resetn=0, 复位
    reg [5:0] op, func;
    //--------------Output Ports---------------------
    wire [2:0]  state;
    wire [3:0]  aluc;
    wire [1:0]  alusrcb, pcsource;
    //-----{此处省略, 请自行编写}

    initial begin  clock=1;  resetn=0;  z=0;  op=0;  func=0;
    #0 $display("time\tclock\tresetn\top\tfunc\tz\tstate\taluc\talusrcb\tpcsource\twpc
    \twir\twmem\twreg\tiord\tregrt\tm2reg\tshift\talusrca\tjal\tsext");
    #1 resetn=1;   op=0;   func=0;
    #8 func=6'b100000;
    //-----{此处省略, 请自行编写}
    #10 op=6'b100011;
    //-----{此处省略, 请自行编写}
    #4 op=6'b000010;
    //-----{此处省略, 请自行编写}
    #6 op=6'b000101;   z=1;
    end
always #1 clock=~clock;

mccu m(op, func, z, clock, resetn,
        wpc, wir, wmem, wreg, iord, regrt, m2reg, aluc,
        shift,alusrca, alusrcb, pcsource, jal, sext, state);
initial begin
    $dumpfile("test.vcd");                                        // 给 gtkwave 使用
```

```
        $dumpvars;
        $monitor("%g\t  %b %b  %b %b  %b %b %b  %b %b  %b %b  %b %b  %b %b  %b %b  %b  %b",
                 $time,clock, resetn,op, func, z, state,aluc, alusrcb, pcsource, wpc, wir,
                 wmem, wreg, iord, regrt, m2reg, shift,alusrca, jal, sext);   // 屏幕显示
        #200 $finish;
    end
    endmodule
```

5.4 多周期 CPU 实验

5.4.1 实验类型

本实验为设计型实验。

5.4.2 实验目的

① 了解指令执行的周期划分。
② 具有多周期 CPU 的设计能力。
③ 熟悉 Vivado 的设计流程,具备电路的设计仿真和硬件测试能力。
④ 能编写测试程序,测试多周期 CPU 的功能。

5.4.3 实验原理

1. 多周期 CPU 实现的指令集

要求在 20 条 MIPS 整数指令基础上,由读者自主增加 1 条指令,共 21 条指令。请参考附录 E,填写多周期 CPU 新增指令的功能(如表 5-8 所示)。

表 5-8

指令名称	指令类型	汇编指令	指令码	源操作数 1	源操作数 2	源操作数 3	目的寄存器	功能描述

2. 多周期 CPU 的指令执行过程

多周期 CPU 把指令执行分成多个阶段,每个阶段在一个时钟周期内完成,如取指、译码、执行、访存、写回。此时,不同指令所用周期数可以不同,每个周期只做一部分操作。

取指(IF)状态:将程序计数器 PC 的值作为存储器的地址,从存储器取出指令,并把 PC +4。当取指结束后锁存取指阶段产生的结果——当前 PC 值和指令。

译码(ID)状态:主要完成指令译码、读寄存器、判断跳转等。控制器可以区分各条指令并产生用于译码、执行、访存、写回的控制信号。当译码结束后,锁存译码阶段产生的结果用于下一状态执行,包括用于执行、访存、写回的控制信号、用于执行阶段的两个源操作数、用于访存阶段的写入内存数据、用于写回阶段的写寄存器地址等。

执行(EXE)状态:由 ALU 模块完成指令操作。当执行结束后锁存执行阶段产生的结果

及前级传递的结果，包括用于访存、写回的控制信号、ALU 结果、内存写入数据、寄存器写地址等。

访存（MEM）状态：完成对数据存储器的读写，并选择将要写回寄存器的值。当访存结束后，锁存访存阶段产生的结果及前级传递的结果，包括用于写回的控制信号、数据和地址。

写回（WB）状态：完成对寄存器的写入。

CPU 复位结束，状态机进入取指状态，其后在每次上一状态结束时进入下一状态，写回状态结束后返回取指状态。不同指令所用周期数不一样，如跳转指令只需要 2 个周期，在译码状态后直接返回到下一指令的取指状态，不需要经过执行等后续状态。

3．多周期计算机的总体设计

实现 20 条 MIPS 整数指令的多周期计算机的总体电路设计如图 5-39 所示，包含多周期控制器 CU、运算器 ALU、寄存器和存储器等功能模块。实现的 21 条指令的多周期 CPU 设计图可以在此基础上修改完成。

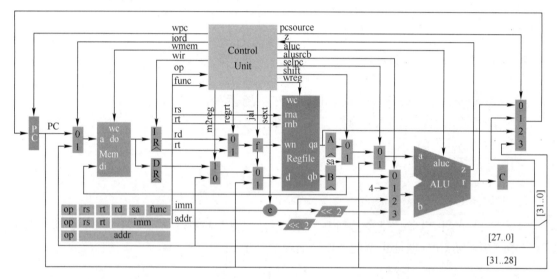

图 5-39

利用多周期 CPU 实现的 21 条指令，读者可以编写一段汇编程序，用于测试多周期 CPU 的功能是否正确。请根据前 2 行指令的填写示例，将测试程序完整填写到表 5-9 中。

表 5-9

指令地址	汇编指令	功能描述	机器指令的机器码	
			十六进制	二进制
00H	lui r1, 0	GPR[r1] ← {0,16'd0}	3c010000	00111100000000010000000000000000
04H	ori r4, r1, 80	GPR[r4] ← GPR[r1] & zero_ext(80)	34240080	00110100001001000000000010000000
08H				
0CH				
10H				
14H				
18H				
1CH				

指令地址	汇编指令	功能描述	机器指令的机器码	
			十六进制	二进制
20H				
24H				
28H				
2CH				
30H				
34H				
38H				
3CH				
40H				
44H				
48H				
4CH				
50H				
54H				
58H				
5CH				
60H				
64H				
68H				
6CH				
70H				
74H				
78H				
7CH				

5.4.4 实验内容和要求

① 本实验需要用到之前实验的结果，如 ALU 模块、存储器模块和控制器模块。其中，RAM 建议使用调用库 IP 实例化的同步存储器，因为存储器在实际应用中基本都是同步读写的，为了更贴近真实情况，此处建议使用同步 RAM。

② 在实验中生成的同步 RAM，是在发送地址后的下一拍才能获得对应数据。故在使用同步存储器时，从存储器中读取数据就需要等待一个时钟周期，即取指令需要两个时钟周期，LOAD 操作也需要两个时钟周期。在真实的处理器系统中，取指令和访存其实都需要多个时钟周期。

③ 根据设计的实验方案，使用 Verilog HDL 编写相应代码。

④ 对编写的代码进行仿真，得到正确的波形图。

⑤ 将以上设计作为一个单独的模块，设计一个外围模块去调用该模块，如图 5-40 所示。

外围模块需调用封装好的 LCD 触摸屏模块，观察多周期 CPU 的状态和 PC 等输出信号的值，利用触摸屏实时观察输出信号变化的效果，可以在实验箱上充分验证 CPU 的功能。

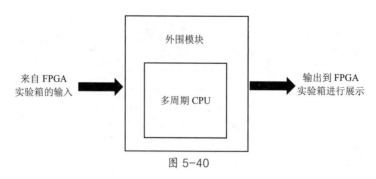

外围模块

来自 FPGA
实验箱的输入

多周期 CPU

输出到 FPGA
实验箱进行展示

图 5-40

⑥ 将编写的代码进行综合布局布线，并下载到 FPGA 实验箱进行硬件测试，做好实验记录，验证此设计的功能。

注意：控制 CPU 运转的时钟一般是由 FPGA 实验箱的时钟输出提供的，但为了方便演示，我们需要在每个时钟周期中查看一条指令的运算结果，故实验的时钟是手动输入的，可以使用 FPGA 实验箱的脉冲开关代替时钟。

⑦ 参考附录 C 的格式撰写实验报告，实验报告内容包括：程序设计、仿真分析、硬件测试和实验操作步骤，以及源程序代码、仿真波形图、数据记录和实验结果分析等。

5.4.5 实验步骤

1．创建工程

在 E 盘新建一个文件夹 MCCOMP，然后从中创建本实验的工程。

启动 Vivado 软件，选择"File → Project → New"菜单命令，出现新建工程向导，单击"Next"按钮，输入工程名"mccomp"，选择工程的文件位置"E:/MCCOMP"。

指定 FPGA 器件，在筛选器中，"family"选择为"Artix-7"，"package"选择为"fbg676"，在筛选得到的型号中选择"xc7a200tfbg676-2"。

2．模块设计

（1）添加源文件

根据 MIPS 指令集设计多周期计算机 mccomp.v，包括多周期 CPU 模块 mccpu.v 和存储器模块 mcmem.v 等。

添加已有 Verilog HDL 文件的方法为：在项目管理区中单击"Add Sources"，在弹出的对话框中选中"Add or create design sources"。

（2）添加外围展示模块

按照实验要求，还需要设计外围模块 mccomp_display.v，用于调用 mccomp.v 和触摸屏模块，以便在实验箱上测试实验结果。请在其他文件编辑器中写好，再把该模块添加到工程。

至此，代码实现都已经完成，下面需要对代码功能进行仿真，验证功能的正确性。

3．功能仿真

（1）仿真测试模块

在进行功能仿真时，需要先建立一个测试模块 mccomp_tb.v。本实验需要产生的输入激励就是时钟信号 clock 和复位信号 resetn。

在项目管理区中单击"Add Source"，然后在弹出的对话框中选中"Add or create simulation sources"，添加"mccomp_tb.v"。如果 mccomp_tb.v 前没有 top 标志，那么右击 mccomp_tb.v，在弹出的快捷菜单中选择"Set as Top"命令。

（2）波形仿真

在左侧导航栏中单击"Run Simulation"，然后选择"Run Behavioral Simulation"，如果没有语法错误，就会弹出仿真波形界面，可以通过观察波形验证多周期 CPU 的功能。

4．实验方案设计

通过 LCD 触摸屏显示多周期 CPU 的输出信号和状态。前面设计的外围展示模块 mccomp_display.v 的功能就是调用 LCD 触摸屏，通过实验箱进行功能验证。

5．引脚绑定

添加或创建约束文件的方法为：在项目管理区中单击"Add Sources"，在弹出的对话框中选中"Add or create constraints"，然后单击"Next"按钮，添加或创建约束文件 mccomp.xdc。引脚绑定后，就可以对工程进行综合、布局布线和产生可烧写文件了。

6．文件下载

打开 FPGA 实验箱，将下载线与计算机相连后，打开电源。双击"Generate Bitsteam"，会自动进行综合、布局布线并产生可烧写文件。

在可烧写文件生成完成的窗格中选择"Open Hardware Manager"，进入硬件管理界面，在"Hardware Manager"窗格的提示信息中选择"Open Target → Auto Connect"，自动连接器件。

在硬件管理界面下调出编程器，选择可烧写的流文件 mccomp_display.bit，进行下载，即选择"Hardware Manager → Program Device → Program"。

7．实验操作与数据记录

① 利用脉冲开关实现单步执行，通过 LCD 触摸屏观察输出的控制信号。
② 记录实验结果，记录表的格式请自行设计。

5.4.6 可研究与探索的问题

试用不同的方法设计多周期 CPU，仿真并下载到实验箱，进行功能测试。

5.4.7 源代码

1．mccomp_display.v 源代码（补充完整）

```
`timescale 1ns / 1ps
//**********************************************************
// > 文件名: mccomp_display.v
// > 描述 :多周期 COMP 显示模块，调用 FPGA 板上的 IO 接口和触摸屏
//**********************************************************
module mccomp_display(                    // 多周期 cpu
    // 时钟与复位信号
```

```verilog
    input  clk,
    input  resetn,                          // 后缀"n"代表低电平有效

    // 脉冲开关，用于产生脉冲 clk，实现单步执行
    input  btn_clk,

    // 触摸屏相关接口，不需要更改
    output  lcd_rst,
    output  lcd_cs,
    output  lcd_rs,
    output  lcd_wr,
    output  lcd_rd,
    inout[15:0]  lcd_data_io,
    output  lcd_bl_ctr,
    inout  ct_int,
    inout  ct_sda,
    output  ct_scl,
    output  ct_rstn
    );
// -----{时钟和复位信号}begin
// 不需要更改，用于单步调试
wire  cpu_clk;                     // 多周期 CPU 使用脉冲开关作为时钟，以实现单步执行
reg btn_clk_r1;
reg btn_clk_r2;
always @(posedge clk)
begin
    if (!resetn)
    begin
        btn_clk_r1<= 1'b0;
    end
    else
    begin
        btn_clk_r1 <= ~btn_clk;
    end
    btn_clk_r2 <= btn_clk_r1;
end
wire  clk_en;
assign  clk_en = !resetn || (!btn_clk_r1 && btn_clk_r2);
BUFGCE cpu_clk_cg(.I(clk),.CE(clk_en),.O(cpu_clk));
//-----{时钟和复位信号}end
//-----{调用多周期 COMP 模块}begin
// 用于 FPGA 板上显示结果
wire [2:0]  q;                     // 展示 CPU 当前状态
 //-----{此处省略，请自行编写}
mccomp cpu(
    .clock(cpu_clk),
    .resetn(resetn),
```

```verilog
        .q (q),
        //-----{此处省略，请自行编写}
);
//-----{调用多周期 COMP 模块}end

//--------------------{调用触摸屏模块}begin--------------------//
//-----{实例化触摸屏}begin
//此小节不需要更改
reg  display_valid;
reg [39:0]  display_name;
reg [31:0]  display_value;
wire [5:0]  display_number;
wire  input_valid;
wire [31:0]  input_value;

lcd_module lcd_module(
    .clk(clk),                              // 10 MHz
    .resetn(resetn),

    // 调用触摸屏的接口
    .display_valid(display_valid),
    .display_name(display_name),
    .display_value(display_value),
    .display_number(display_number),
    .input_valid(input_valid),
    .input_value(input_value),

    // LCD 触摸屏相关接口，不需要更改
    .lcd_rst(lcd_rst),
    .lcd_cs(lcd_cs),
    .lcd_rs(lcd_rs),
    .lcd_wr(lcd_wr),
    .lcd_rd(lcd_rd),
    .lcd_data_io(lcd_data_io),
    .lcd_bl_ctr(lcd_bl_ctr),
    .ct_int(ct_int),
    .ct_sda(ct_sda),
    .ct_scl(ct_scl),
    .ct_rstn(ct_rstn)
);
// -----{实例化触摸屏}end

// -----{输出到触摸屏显示}begin
// 根据需要显示的数修改此小节
// 触摸屏上共有 44 块显示区域，可显示 44 组 32 位数据
// 44 块显示区域从 1 开始编号，编号为 1~44
always @(posedge clk)
    begin
        case(display_number)
            6'd1 :                          // 显示 IF 模块的 PC
            begin
```

```
                    display_valid <= 1'b1;
                    display_name  <= "Q";
                    display_value <= q;
                end
            // -----{此处省略，请自行编写}
                default :
                begin
                    display_valid <= 1'b0;
                    display_name  <= 40'd0;
                    display_value <= 32'd0;
                end
            endcase
        end
    //-----{输出到触摸屏显示}end
    //---------------------{调用触摸屏模块}end--------------------//
Endmodule
```

2. 仿真测试文件 mccomp_tb.v 源代码（补充完整）

```
//*****************************************************************
//    > 文件名: mccomp_tb.v
//    > 描述 : mccomp 仿真测试模块
//*****************************************************************
`timescale 1ns/1ns
`include "mccomp.v"
module mccomp_tb;
    //--------------Input Ports---------------------
    reg clock, resetn, mem_clk;              // resetn=1, 正常工作；resetn=0，复位
    //--------------Output Ports---------------------
    //-----{此处省略，请自行编写}
    wire [2:0]  q;

    initial begin  clock=1;    resetn=0;    mem_clk=0;
    #0 $display("time\tclock\tresetn\tq\tir\tpc\ta\tb\talu\tfromem\ttomem");
    #1 resetn=1;
    end
    always #4 clock=~clock;
    //-----{此处省略，请自行编写}

    mccomp m(clock, resetn,                  // -----{此处省略，请自行编写});
    initial  begin
        $dumpfile("test.vcd");               // 给 gtkwave 使用
        $dumpvars;
        $monitor("%g\t %b %b %b %b %b %b %b  %b %b %b %b %b",$time,clock,resetn,q,
                a,b,alu,adr,tom,fromm,pc,ir,mem_clk);            // 屏幕显示
        #1200 $finish;
    end
endmodule
```

附录 A
Icarus Verilog 开发环境及使用

Icarus Verilog 是 Verilog 硬件描述语言的实现工具之一，可以运行在 Linux、FreeBSD、OpenSolaris、AIX、Windows 和 Mac 操作系统环境中。

Icarus Verilog Compiler（简称 Iverilog）是一个开源的 Verilog 编译程序，提供命令行的编译模式和文本界面的输出，支持 Verilog 仿真和综合。仿真时，Iverilog 编译运行结果的指定格式满足 IEEE-1364 格式，也支持 Verilog-2001。综合时，Iverilog 综合生成 PCB 支持的网表格式文件。

GTKWave 是一个使用 GTK 的 WAV 文件波形查看工具，支持 LXT、LXT2、VZT、GHW 文件和标准 Verilog VCD（Value Change Dump）格式文件，GTK 与工具包配合，可以提供相应的波形显示界面。

Iverilog 是 ASIC 设计使用的 Verilog HDL 的编译器、模拟器，与 GTKWave 配合，可以进行集成电路的设计。

A.1 Icarus Verilog 的安装

从 http://bleyer.org/ic**us/下载 iverilog-v11-20210204-x64_setup.exe for windows，接着运行下载的安装文件，接受协议，在选择安装路径和组件的界面上选择安装路径和组件，如图 A-1 所示，一般不需要指定特殊的参数，默认安装即可。

Icarus Verilog 仿真功能是从命令行执行的。为了确认 Icarus Verilog 已经正确安装，我们打开命令行窗口，执行"iverilog"命令即可。

为打开命令行窗口，依次点击左下角的所有程序→附件→命令提示符，之后会打开如图 A-2 所示的界面，图中显示的文字"C:\Users\Administrator>"称为提示符，用于提示用户输入命令的信息。用户可以在提示符后输入命令。提示符的前半部分提示的是当前目录，在 Windows 中的目录称为文件夹。

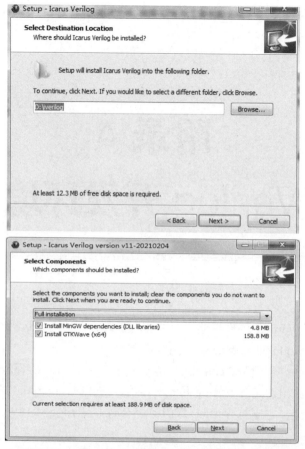

图 A-1

图 A-2

　　在命令行窗口中执行"iverilog"命令，如果出现"iverilog: no source files..."信息，就说明没有问题，如果出现"'iverilog' 不是内部或外部命令，也不是可运行的程序或批处理文件。"信息，就需要设定环境变量。

A.2　Icarus Verilog 环境变量设置

　　若 Iverilog 无法正确执行，原因是没有正确设定命令搜索路径。命令搜索路径是 Windows 查找到可执行文件的文件夹。当输入"iverilog"命令时，命令行窗口会在命令搜索路径中搜索名为"iverilog"的可执行文件。Iverilog 执行文件在 Icarus Verilog 安装目录的 bin 目录中。若这个目录并未包含在命令搜索路径中，则命令行窗口找不到执行文件。

　　命令搜索路径可以在环境变量中设置。环境变量是在程序执行时操作系统向应用传递的通用参数，如图 A-3 所示。

图 A-3

具体步骤如下：打开"高级系统设置"窗口，选择"高级"选项卡（或者右击"计算机"，在弹出的快捷菜单中选择"属性"）；单击"环境变量"按钮，在弹出的对话框中选择"系统变量"中的"Path"，单击"编辑"按钮；在弹出的对话框的"变量值"的末尾追加"；D:\iverilog\bin;D:\iverilog\gtkwave\bin"，然后单击"确定"按钮。

设定环境变量后，再次打开命令行窗口并执行"iverilog"命令，然后会出现正确的输出信息。

安装完毕，在图 A-2 所示的界面中输入"gtkwave"，回车后，就会自动启动 GTKWave 这个软件。

A.3　Icarus Verilog 的使用

【例 A-1】　在屏幕上显示"Hello World"。

在任何文本编辑器中输入以下程序代码，并保存为 hello.v。

```
module main;                         // 模块名：main
    initial                          // 初始化
    begin                            // 相当于{
        $display("Hello, World!");   // 相当于 printf
        $finish;                     // 操作完成
    end                              // 相当于}
endmodule                            // 模块结束
```

在图 A-2 所示的窗口中输入"iverilog -o hello hello.v"命令，就可以生成 hello 文件。然后通过"vvp hello"命令运行，则在屏幕上显示：

【例 A-2】 设计一个两输入与门电路并进行仿真。

与门电路需要两个输入端，不需要时钟，电路如图 A-4 所示。

图 A-4

下面是两输入与门电路的程序。

```
module and1(a, b, z);          // 定义模块的名称 and1 和输入输出端口
    input  a, b;               // 说明输入端口 a、b，为 1 位
    output z;                  // 说明输出端口 z，为 1 位
    assign z = a && b;         // 计算，结果送到 Z
endmodule
```

仅有这个代码还是不能运行。就像 C 语言只有函数，没有主函数一样，所以必须编写一个类似 C 语言主函数的函数，称为测试程序 TestBench。

```
'include "and1.v"              // 将模块 and1.v 包含进来，Quartus 不需要
module and1_tb;                // 主模块，无输入输出端口
    reg  [1:0]i;               // 用到的变量说明，寄存器型，2 位
    reg  x, y;                 // 用到的变量说明，寄存器型，1 位
    wire  z;                   // 用到的变量说明，线型，1 位
    and1  m(x, y, z);          // 生成实例并运行
    initial                    // 变量初始化
        for(i=0; i<=3; i=i+1)
        begin
            #1  x <= i%2;
            y<=i/2;
        end
    initial begin              // 结果输出
        $dumpfile("test.vcd"); // 给 GTKWave 使用，打开数据库
        $dumpvars;             // 记录在设计仿真过程中所有信号的变化
        $monitor("%g\t %b %b %b", $time, x, y, z);        // 屏幕显示
        #10 $finish;           // 再过 10 个单位时间，完成
    end
endmodule
```

将上面的代码保存到测试文件 and1_tb.v 中，然后运行 "iverilog -o dsn and1_tb.v" 命令进行编译，得到文件 dsn。在 vvp 中运行 "vvp dsn" 命令，结果如图 A-5 所示。

运行 "gtkwave test.vcd" 命令后，将各输入、输出变量拖入 Signal 框，即可得到仿真波形图，如图 A-6 所示。

【例 A-3】 编写如图 A-7 所示的 HDL 程序代码，并进行仿真。

先编写非门、与门、或门的程序文件 not1.v、and1.v、or1.v。

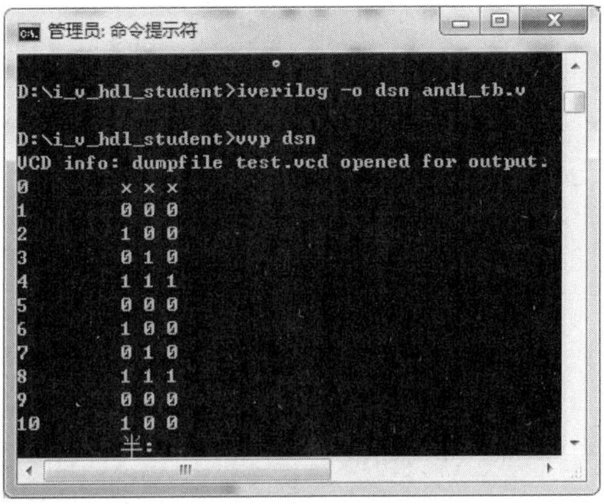

图 A-5

图 A-6

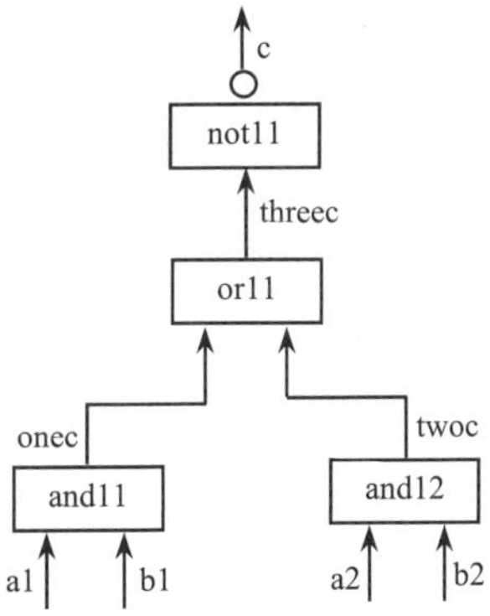

图 A-7

```
// not1.v
module not1(a, z);
    input  a;
    output  z;
    assign  z = ~a;
endmodule

// and1.v
module and1(a, b, z);
    input  a, b;
```

```
        output  z;
        assign  z = a && b;
    endmodule


    // or1.v
    module or1(a, b, z);
        input  a, b;
        output  z;
        assign  z = a || b;
    endmodule
```

再编写图 A-6 的程序文件 and_or_not.v：

```
    // and_or_not.v
    'include "and1.v"
    'include "or1.v"
    'include "not1.v"
    module and_or_not(a1, b1, a2, b2,c);
        input  a1, b1, a2, b2;
        output  c;
        and1  and11(a1, b1, onec);
        and1  and12(a2, b2, twoc);
        or1  or11(onec, twoc, threec);
        not1  not11(threec, c);
    endmodule
```

最后编写测试文件 and_or_not_tb.v：

```
    // and_or_not_tb.v
    'include "and_or_not.v"
    'include "clock.v"
    module and_or_not_tb;
        reg  [3:0]i;
        reg  x, y, z, k;
        wire  clk, out;
        initial
        begin
            i = 15;
        end
        clock clock1(clk);          // 生成时钟实例
        always @(posedge clk)       // CLK 上升沿完成 begin-end 中的操作
         begin
            i = i+1;
            {x,y,z,k} = i;
        end

        initial begin
            $dumpfile("test.vcd");
            $dumpvars;
            $monitor("%g\t %b %b %b %b %b",$time,x,y,z,k,out);
            #100 $finish;
```

```
        end

        and_or_not m(x, y, z, k, out);
    endmodule
```

运行"iverilog -o dsn and_or_not_tb.v"命令，编译得到文件 dsn。用 vvp 运行"vvp dsn"命令，结果如图 A-8 所示。

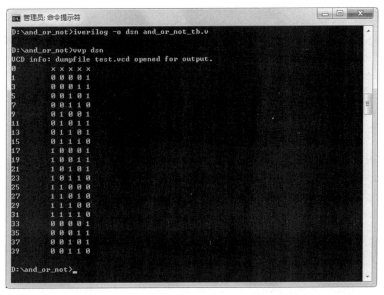

图 A-8

运行"gtkwave test.vcd"命令，将各输入、输出变量拖入 Signal 框，即可得到仿真波形图，如图 A-9 所示。

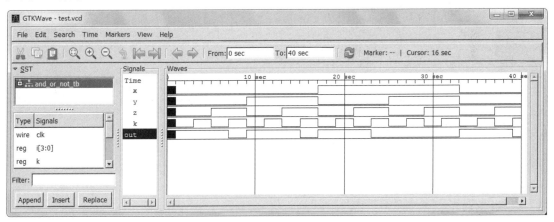

图 A-9

【例 A-4】 设计一个带使能、清零、能向高位进位的六进制计数器电路并进行仿真。

六进制计数器电路需要一个使能端，一个清零端，一个向高位的进位端，一个时钟端；每来一个时钟，计数器加 1；还需要一个计数器数值的输出端（3 位二进制）。

其电路图如图 A-10 所示。

为了完成该计数器的设计，可以采用不同的方法。

图 A-10

下面的程序是六进制计数器电路的代码。

```verilog
module counter6(enable, clk, q, rst, carry);    // 定义模块的名称 counter6 和输入输出端口
    input enable, clk, rst;                      // 说明输入端口 enable、clk、rst 为 1 位
    output [2:0] q;                              // 说明输出端口 q 为 3 位
    output carry;                                // 说明输出端口 carry 为 1 位
    reg [2:0] q;                                 // 说明 q 为寄存器型变量，3 位
    reg carry;                                   // 说明 carry 为寄存器型变量，1 位

    // 总是检测 clk，若 clk 为上升沿，做 begin-end 中的工作
    always @(posedge clk)
    begin
        if(!rst)
        begin
            q <= 3'b000;
            carry = 0;
        end
        else if (enable)
        begin
            if(q == 5)
            begin
                carry =! carry;
                q <= 3'b000;
            end
            else
            begin
                q <= q+3'b001;
            end
        end
    end
endmodule
```

下面是六进制计数器的 TestBench 程序。

```verilog
`timescale 1ns/1ns                   // 说明单位时间的大小，可以省略
`include "counter6.v"                // 将模块 counter6.v 包含进来，Quartus 不需要
module time_counter_tb;              // 主模块
    parameter bit_width = 3;         // 符号常量
    reg clk, rst, enable;            // 用到的变量说明，寄存器型
    wire[bit_width-1:0] out;         // 用到的变量说明，线型，bit_width 位
    wire c;                          // 用到的变量说明，线型，1 位

    initial
```

```
    begin                                       // 变量初始化
        clk <= 0;
        rst <= 0;
        enable <= 0;
        #1 rst <= 0;                            // 过 1 个单位时间发
        #5 rst <= 1;
        enable <= 1;                            // 再过 5 个单位时间发
        #128 $finish;                           // 再过 128 个单位时间, 完成
    end

    initial
    begin
        $dumpfile("test.vcd");                  // 给 GTKWave 使用, 打开数据库
        $dumpvars;                              // 记录在设计仿真过程中所有信号的变化
        $monitor("%g\t %b %b %b %b %b", $time, rst, enable, clk, out, c); // 屏幕显示
    end

    always #1 clk =~ clk;                       // 过 1 个单位时间, clk 求反, 即时钟
    counter6 cnt6(enable,clk,out,rst,c);        // 生成实例并运行
endmodule
```

运行"iverilog -o dsn counter6_tb.v"命令编译，得到文件 dsn。用 vvp 运行"vvp dsn"命令，结果如图 A-11 所示。

图 A-11

运行后会得到文件 test.vcd。

运行"gtkwave test.vcd"命令，将端口信号拖入 Signals，结果如图 A-12 所示。

若需要中止仿真过程，可以按 Ctrl+C 键。中止后，在光标处输入"finish"命令，即可返回命令提示符窗口。

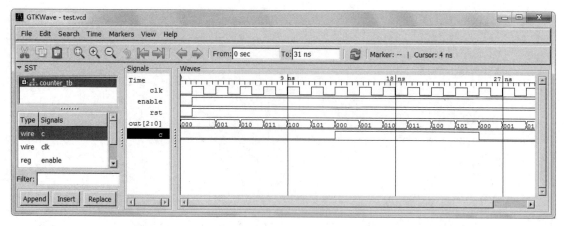

图 A-12

附录 B
Verilog HDL 语法简介

B.1 Verilog HDL 基本结构

1. 模块定义

Verilog HDL 的基本设计单元是"模块（block）"。

Verilog HDL 模块由端口定义，I/O 属性说明信号，类型声明，功能描述四部分组成，这四部分由 module 和 endmodule 关键词括起来。

```
module and_or_not(a, b, c, d);        // 端口定义
   input a, b, c;                     // I/O 属性说明
   output d;
   wire x;                            // 信号类型声明
   assign d = a & b;                  // 功能描述
   assign x = (d | ~c);
endmodule
```

module 后跟模块名和"( )"，括号内为端口列表。模块名必须为英文名，且必须符合标识符的定义。顶层模块的名称必须与项目名称一致！

2. 端口类型与声明

端口类型包括输入 input、输出 output、输入&输出 inout 三种。端口声明的格式如下：

```
<type> [size:wide] <parameter table>
```

其中，[size:wide]定义线宽，从第 wide 位到 size 位，共 size-wide+1 位，若不写[size:wide]，则表示为 1 位。参数表<parameter table>由一系列参数组成，参数之间由","分隔。

3. 逻辑功能描述（定义）

逻辑功能描述有 assign 描述、always 描述、创建实例描述三种。

（1）assign 用来描述直接建立输出和输入信号的某种联系

assign 语句的格式如下：

```
wire  结果信号名；
assign  <结果信号名> = 表达式；
```

例如：

```
module and_or_add(a, b, z);
    input  a, b;
    wire x,y;
    output z;
    assign x=a|b;
    assign y=a&b;
    assign z=x+y;
endmodule
```

（2）always 用来描述一些比较复杂的组合逻辑和时序逻辑电路模块

always 语句的格式如下：

```
always @(<敏感信号表达式>)
begin
    // 过程赋值语句
    // if 语句
    // case 语句
    // while、repeat、for 循环语句
    // task、function 调用
end
```

@后跟的是表示在什么情况下触发执行。若敏感信号表达式为"*"，则表示所有输入信号有变化时都触发。触发可以是电平触发，也可以是上升沿或者是下降沿触发，分别跟 posedge 和 negedge，如

```
always @(posedge clk0 or negedge clk1)
```

assign 和 always 语句都是并发执行的，若需要顺序执行，则要加上 begin- end。例如：

```
`timescale 10ns/10ns
…
begin
    #1 r=a;
    #1 a=b;
end
```

执行顺序是先经过 10ns，执行 r=a，再经过 10ns，执行 a=b。

fork-join 程序也是并发执行的，要求执行与上面相同的效果则可写成：

```
`timescale 10ns/10ns
…
fork
    #1 r=a;
    #2 a=b;
join
```

（3）创建实例描述是用已有模块进行实例化（instantiate）

例如：

```
and and1(y, a, b, c);
```

其中，and 模块为已经定义的模块，and1 为 and 的实例。

4．标识符

标识符是以字母或"_"开头的字母、数字和"_"及"$"组成的符号。标识符用于表示源文件名、模块名、端口名、变量名、常量名、实例名等。

5．关键字

关键字是标识符，是系统事先定义好的符号，用来组织语言结构，或者用于定义 Verilog HDL 提供的门元件，如 always、assign、begin、case、casex、else、end、for、function、if、input、output、repeat、table、time、while、wire，或者 and、not、or、buf 等。关键字采用小写字母定义。

6．程序注释

程序代码使用"//"或"/* */"进行注释。

B.2 数据类型及常量、变量

1．数据类型

数据类型是用来表示数据存储和传送单元。

Verilog HDL 中有 19 种数据类型，包括 integer、parameter、reg、wire、large、medium、scalared、small、time、tri、tri0、tri1、triand、trior、trireg、vectored、wand、wor 等。

2．常量的表示

（1）整数型常量

整数型常量有二进制（b，B）、八进制（o，O）、十进制（d，D）、十六进制(h，H)四种表示形式。常量数据的表示如下：

```
<size>'<base format><number>
```

其中，size 为二进制数据的位数，base format 为进位计数制，number 为数值，如 4'b1110、4'o15、4'd9、4'hb。若表示的数据位数多，则可以用"_"将数字进行分割，在编译时会忽略"_"。

（2）x 和 z 值

x 表示不定值，z 表示高阻值。当用二进制表示时，已标明位宽的数据若用 x 或 z 表示某些位，则只有在最左边的 x 或 z 具有扩展性。为清晰可见，最好直接写出每一位的值。例如：

```
6'bzx =6'bzz_zzzx
6'b1x = 6'b00_001x
```

"?"是 z 的另一种表示符号，建议在 case 语句中使用"?"表示高阻态 z。

（3）parameter 常量（符号常量）

parameter 用来定义符号常量，即用一个标识符代表一个常量。定义多个符号常量的格式如下：

```
parameter 参数名 1 =表达式，参数名 2 =表达式，…;
```

（4）负数

负数是在位宽前加"-"，即表示负数。例如：

```
-4'd5                              // 5 的补数, = 4'b1011
```

"-"不能放在位宽与进制之间，也不能放在进制与数字之间。例如：

```
4'd-5                             // 非法
```

3. 变量

常用的变量有网络型（nets type）、寄存器型（register type，简写为 reg）、数组（memory type）三种。最常用的变量类型可以定义为线型 wire 和寄存器型 reg。

变量若放在 begin-end 内，则该变量就需要使用 reg，如在 always 块内被赋值的变量必须是寄存器型的，否则使用 wire。变量定义的格式如下：

```
<type> [size:wide] <parameter table>
```

其中，[size:wide] 省略不写表示宽度为 1。

（1）网络型变量

网络型变量是指输出始终随输入的变化而变化的变量，表示结构实体（如门）之间的物理连接。常用的网络型变量有：连线类型（wire，tri）、线或特性的连线类型（wor，trior，wand，triand），上拉电阻和下拉电阻类型（tri1，tri0），电源和地（supply1，supply0）。电源为逻辑 1，地为逻辑 0。

wire 型变量是最常用的网络型变量，表示 assign 语句赋值的组合逻辑信号。模块中的输入、输出信号类型默认为 wire 型。wire 型变量可用做任何方程式的输入，或"assign"语句和实例元件的输出。常用的格式如下：

```
wire   数据名 1，数据名 2，…，数据名 n;
wire[n-1:0]   数据名 1，数据名 2，…，数据名 m;
wire[n:1]   数据名 1，数据名 2，…，数据名 m;
```

（2）寄存器型变量

寄存器型变量是指具有状态保持作用的电路元件（如触发器、寄存器等），表示过程块语句（如 initial、always、task、function）内的指定信号。常用的寄存器型变量有代表触发器的 reg，52 位带符号整数型变量的 integer，64 位带符号实数型变量的 real，无符号时间变量的 time。

寄存器型变量的使用必须明确赋值，且一直保持原值，直至被重新赋值。寄存器型变量不能通过 assign 语句赋值。在过程块内，被赋值的每个信号必须定义成寄存器型。

寄存器型变量往往是代表触发器，但不一定就是触发器。常用的格式如下：

```
reg   数据名 1，数据名 2，…，数据名 n;
reg[m-1:0]   数据名 1，数据名 2，…，数据名 m;
reg[m:1]   数据名 1，数据名 2，…，数据名 m;
```

（3）数组型变量

数组型变量（数组）是指由若干相同宽度的 reg 型变量构成的数组。Verilog HDL 通过 reg 型变量建立数组，来对存储器建模。数组型变量可描述 RAM、ROM 和 reg 文件。数组型变量通过扩展 reg 型变量的地址范围来生成，格式如下：

```
        reg[m-1:0] 存储器名[n-1:0];//[n-1:0]表示地址范围，[m-1:0]表示每个地址存储的数据位数。
或      reg[m-1:0] 存储器名[n+1:2];
```

数组型变量与寄存器型变量有区别。例如：

```
reg[m-1:0]  reg_b;              // 1个m位的寄存器
reg mem_b  [m-1:0];            // 由m个1位寄存器组成的存储器
```

一个 m 位寄存器可用一条赋值语句赋值，一个完整的存储器则不行。若要对某存储器中的存储单元进行读写操作，必须指明该单元在存储器中的地址！例如：

```
reg_b = 0;                      // 合法
mem_b = 0;                      // 非法
mem_b[10] = 1;                  // 合法
mem_b[511:0] = 0;               // 合法
```

B.3 运算符

Verilog HDL 中有算术运算、逻辑运算、关系运算、位运算、等式运算、缩减运算、移位运算、位拼接运算、条件运算九种。

1．算术运算符

算术运算符有+（加）、-（减）、*（乘）、/（除）、%（求模）五种，用法与 C 语言完全一样。

2．逻辑运算符

逻辑运算符有&&（逻辑与）、||（逻辑或）、!（逻辑非）三种，用法与 C 语言类似。不同的是，不确定的操作数如 8'bxxxx_xx00 被认为是不确定的（可能为零，也可能为非零），记为 1'bx，但 8'bxxxx_xx11 被认为是真（肯定是非零的，记为 1'b1）。

3．关系运算符

关系运算符有<（小于）、<=（小于等于）、>（大于）、>=（大于等于）四种，用法与 C 语言类似。不同的是，若某操作数为不定值 x，则返回值为 x。

4．等式运算符

等式运算符有==（等于）、!=（不等于）、!==（不全等）、===（全等）四种，运算结果为 1 位的逻辑值 1 或 0 或 x。其中，对于不全等和全等，MAX + PLUS II 和 Quartus II 都不支持。

等于运算==与全等运算===的区别：使用等于运算符时，两个操作数必须逐位相等，结果才为 1，若某些位为 x 或 z，则结果为 x；使用全等运算符时，若两个操作数的对应位完全一致（如同是 1，或同是 0，或同是 x，或同是 z），则结果为 1，否则为 0。

5．移位运算符

移位运算符有>>n（右移）、<<n（左移）两种，功能是将操作数右移或左移 n 位，空出的

位用 n 个 0 填充。

6. 条件运算符

条件运算符为 "? :"，其格式为：

```
信号 = 条件 ? 表达式 1 : 表达式 2;
```

7. 位运算符

位运算符有~（按位取反）、&（按位与）、|（按位或）、^（按位异或）、^~或~^（按位同或）五种，用法与 C 语言类似。注意，两个不同长度的操作数进行位运算时，将自动按右端对齐，位数少的操作数会在高位用 0 补齐。

8、缩减运算符

缩减运算符是单目运算，有&（与）、~&（与非）、|（或）、~|（或非）、^（异或）、^~或~^（同或）六种。缩减运算符的运算法则与位运算符类似，但运算过程不同。缩减运算符的运算法则是对单个操作数进行递推运算，即先将操作数的最低位与第二位进行运算，再将运算结果与第三位进行相同的运算，依次类推，直至最高位。缩减运算符的运算结果缩减为 1 位二进制数。例如：

```
reg[3:0]  b;
r =| b;                         // 等效于 r =b[0] | b[1]| b[2]| b[3]
```

9. 位拼接运算符

位拼接运算符为 "{ }"，用于将多个信号（数据）的某些位拼接起来，表示一个整体信号。位拼接运算的格式如下：

```
{信号 1 的某几位, 信号 2 的某几位, …, 信号 n 的某几位}
```

运算符的优先级如表 B-1 所示。

表 B-1 运算符的优先级

类　别	运算符	优先级
逻辑、位运算符	! ~	高
算术运算符	* / %	
	+ －	
移位运算符	<< >>	
关系运算符	< <= > >=	
等式运算符	== != === !==	
缩减、位运算符	& ~&	
	^ ^~	
	| ~|	
逻辑运算符	&&	
	||	
条件运算符	?:	低

B.4 语句

1. 赋值语句

赋值语句分为如下两类。

（1）连续赋值语句

连续赋值语句，即 assign 语句，用于对 wire 型变量赋值，是描述组合逻辑最常用的方法之一。例如：

```
assign c = a & b;                    // a、b、c 均为 wire 型变量
```

（2）过程赋值语句

过程赋值语句用在 always、initial 中对 reg 型变量进行赋值，有两种方式：

① 非阻塞（non-blocking）赋值方式，是指一个块语句中，若有多个非阻塞赋值语句，则在块结束时同时赋值。赋值符号为<=，如：

```
b <= a;
c <= b;
```

注意，c 的值比 b 的值落后一个时钟周期！

② 阻塞（blocking）赋值方式，是指在一个块语句中，若有多个阻塞赋值语句，则在前面的赋值语句没有完成前，后面的语句不能被执行，就像被阻塞了一样。赋值符号为=，如：

```
b = a;
c = b;
```

不熟悉的话，只使用一种方式，最好不要混用。

为避免使用阻塞和非阻塞赋值产生错误，需要使用下面的方法：

① 在使用 always 块描述组合逻辑时（电平敏感），使用阻塞赋值；在使用 always 块描述时序逻辑时，使用非阻塞赋值（边沿敏感）。

② 不在同一个 always 语句中同时使用阻塞和非阻塞进行赋值。

③ 不在不同的 always 语句中为同一个变量进行赋值。

assign、=、<=赋值语句的区别如下：

❖ "=" 左边是 wire 类型，可在定义时用 assign 连续赋值语句。

❖ "=" 阻塞赋值语句，相当于串行语句，即所有该类在所在模块内按顺序执行。

❖ "<=" 非阻塞赋值语句，相当于并行语句，当该语句所在模块结束时，所有带 "<=" 的语句同时执行。

例如：

```
if(oe)
begin
    b <= c;
    b = a;
    c = d;
end
```

若执行前，a=0，b=1，c=1，d=0，则可以这样理解执行顺序和结果：先执行 b=a，得到 b=0，再执行 c=d，得到 c=0；当该条件语句执行完时，得到 b==c==0 的执行结果。

2．块语句

块语句用来将一个以上的语句组合在一起，使其在格式上更像一条语句，以增加程序的可读性。块语句有 begin-end 语句和 fork-join 语句两种。

（1）begin-end 语句

begin-end 语句用于标识顺序执行的语句，与 C 语言类似。顺序块的格式如下：

```
begin: 块名                        // 块名可以省略不写
    块内声明语句;                   // 块内声明语句可以省略不写
    语句 1;
    语句 2;
    …
    语句 n;
end
```

块内声明语句可以是参数声明，reg 型变量声明，integer 型变量声明，real 型变量声明语句。

例如，用顺序块和延迟控制组合产生一个时序波形。

```
parameter delay = 100;
reg[7:0] r;
begin                              // 由一系列延迟产生的波形
    #delay  r='h00;               // 在两条赋值语句间延迟 delay 个时间单位
    #delay  r='hE2;
    #delay  r='h55;
    #delay  r='hF7;
    #delay  -> end_wave;          // 触发事件 end_wave
end
```

（2）fork-join 语句

fork-join 语句用于标识并行执行的语句。Quartus II 不支持该语句，通常用在测试文件中。并行块的格式如下：

```
fork: 块名                         // 块名可以省略不写
    块内声明语句;                   // 块内声明语句可以省略不写
    语句 1;
    语句 2;
    …
    语句 n;
join
```

join 块内声明语句可以是参数声明，reg 型变量声明，integer 型变量声明，real 型变量声明语句，time 型变量声明语句和事件（event）说明语句。

例如，用并行块和延迟控制组合产生一个时序波形。

```
reg[7:0] r;
fork                               // 由一系列延迟产生的波形
    #100  r='h00;
    #200  r='hE2;
    #300  r='h55;
    #400  r='hF7;
    #500  -> end_wave;            // 触发事件 end_wave
join
```

在 fork-join 块内，各语句不必按顺序列出，但为增加可读性，最好按被执行的顺序书写。

3．条件语句

条件语句分为 if-else 语句和 case 语句两种，都是顺序语句，应放在 always 块内。

（1）if-else 语句

if-else 语句判定所给条件（表达式）是否满足，根据判定的结果（真或假）决定执行给出的两个操作之一。若表达式的值为 0 或 z，则判定的结果为"假"；若为 1，则结果为"真"。if-else 语句的格式如下：

```
if (表达式)
    语句 1;                              // 表达式的值=1
[else                                   // 表达式的值=0 or z
    语句 2;]
```

其中，语句 1、语句 2 可以是任何一个语句，若是多个语句，需要用 begin-end 将这些语句括起来；else 和语句 2 可以没有。

if-else 语句允许一定形式的表达式简写方式，如：

```
if(expression)                          // 等同于 if(expression == 1)
if(!expression)                         // 等同于 if(expression!= 1)
```

当 if 与 else 的数目不一样时，最好用 begin-end 语句将单独的 if 语句括起来；应将 else 中的内容填充完整，否则会出现不确定状态。

（2）case 语句

case 语句用于当敏感信号表达式取不同的值时，执行不同的语句。其功能是当某个（控制）信号取不同的值（整数）时，给另一个（输出）信号赋给不同的值。case 语句常用于多条件译码电路（如译码器、数据选择器、状态机、微处理器的指令译码）。

case 语句有 3 种形式：case，casez，casex。

case 语句形式的格式如下：

```
case(敏感信号表达式)
    值 1:      语句 1;
    值 2:      语句 2;
    …
    值 n:      语句 n;
    default:  语句 n+1;
endcase
```

case 语句使用时最好将 default 加上。与 C 语言不同的是，Verilog HDL 在每种情况后面都不需要加 break 语句，每种情况完成后就会退出。

casez 和 casex 语句是 case 语句的两种变体，它们之间的区别如下：

❖ 在 case 语句中，分支表达式每一位的值都是确定的（0 或者 1）。

❖ 在 casez 语句中，若分支表达式某些位的值为高阻值 z，则不考虑对这些位的比较。

❖ 在 casex 语句中，若分支表达式某些位的值为 z 或不定值 x，则不考虑对这些位的比较。

❖ 在分支表达式中，可用"?"标识 x 或 z。

4．循环语句

循环语句分为 for 语句、repeat 语句、while 语句、forever 语句四种。

（1）for 语句

for 语句的格式如下：

```
for(表达式 1; 表达式 2; 表达式 3)
    语句
```

循环语句使用 for，若需退出某个 begin-end 语句，则可以使用 disable 语句。例如：

```
begin: sssssss
    for(i=1; i<64; i++)
    begin
      if(i == 32)
          disable sssssss;
    end
end
```

这样就会跳出 sssss 所在的 begin-end 块。

（2）repeat 语句

repeat 语句是指连续执行一条语句 n 次，其语法格式如下：

```
repeat（循环次数表达式）
    语句
```

（3）while 语句

while 语句的格式如下：

```
while（循环执行条件表达式）
    语句
```

（4）forever 语句

forever 语句是指无条件连续执行 forever 后面的语句或语句块，一般情况下是不可综合的，常用在测试文件中。forever 语句的语法形式如下：

```
forever 语句
```

5．结构说明语句

结构说明语句分为 always 说明语句、initial 说明语句、task 说明语句、function 说明语句四种。

（1）always 块语句

always 块语句包含一个或一个以上的语句，如过程赋值语句、条件语句、循环语句和任务调用等。在 always 块中，被赋值的只能是 register 型变量，如 reg、integer、real、time。在仿真运行的过程中，在信号控制下，always 块语句被反复执行，即每个 always 块在仿真一开始便开始执行，执行完块中最后一个语句，继续从 always 块的开头执行。

always 块语句的语法格式如下：

```
always <时序控制> <语句>
```

注意：① 如果 always 块中包含了多个语句，那么这些语句必须放在 begin-end 或 fork-join 块中；② 在仿真时，always 语句必须与一定的时序信号控制结合在一起才起作用，如果没有时序信号控制，那么易形成仿真死锁。

always 块语句模板如下：

```
always @ (<敏感信号表达式>)
begin
    // 过程赋值语句
    // if 语句
    // case 语句
    // while、repeat、for 循环
    // task、function 调用
end
```

注意：

① 敏感信号表达式又称为事件表达式或敏感表，当其值改变时，则执行一遍块内语句。

② 在敏感信号表达式中应列出影响块内取值的所有信号。

③ 敏感信号输入可以为单个信号，也可为多个信号。若为多个信号，信号之间需用关键字 or 连接。

④ 敏感信号不能为 x 或 z，否则会阻挡进程。

⑤ 同一变量不能在多个 always 块中被赋值。

⑥ always 的时间控制可以为边沿触发，也可以为电平触发。关键字 posedge 表示上升沿，negedge 表示下降沿。

⑦ 当 always 块内有多个敏感信号时，一定要采用 if-else-if 语句，而不能采用并列的 if 语句，否则极易造成一个寄存器有多个时钟驱动，将出现编译错误。

⑧ 通常采用异步清零。只有在时钟周期很小或清零信号为电平信号时（容易捕捉到清零信号）才采用同步清零。

（2）initial 语句

initial 语句在仿真时用初始状态对各变量进行初始化，在测试文件中生成激励波形作为电路的仿真信号。

initial 语句与 assign 和 always 一样是并发执行的，不同的是，initial 中的语句只执行一次。initial 中的语句是不可综合的，常用在测试文件中。MAX+PLUS II 和 Quartus II 均不支持 initial 语句。

initial 语句的一般格式如下：

```
initial
begin
    语句 1；
    语句 2；
    …
    语句 n；
end
```

（3）task 和 function 语句

task 和 function 语句分别用来由用户定义任务和函数。任务和函数往往是大的程序模块中在不同地点多次用到的相同的程序段。任务和函数可将一个很大的程序模块分解为许多较小的任务和函数，便于理解和调试。输入、输出和总线信号的值可以传入、传出任务和函数。

任务可以用单独语句的方式调用，不带返回值，但是可以有任意多个输入和输出参数，可以包含符号#或者事件控制符号"@"，还可以调用其他任务和函数。

函数则以表达式的方式调用，如在赋值语句中调用，至少需要一个输入参数，不能有输出参数，带有一个返回值，不包含"#@"，不能调用任务，但是可以调用函数。

① task 语句

当希望能够对一些信号进行一些运算并输出多个结果（即有多个输出变量）时，宜采用任务结构。常常利用任务来帮助实现结构化的模块设计，将批量的操作以任务的形式独立出来，使设计简单明了。包含定时控制语句的任务是不可综合的。任务的定义如下：

```
task <任务名>;
    端口及数据类型声明语句;
    其他语句;
endtask
```

任务的调用如下：

```
<任务名>(端口1, 端口2, …);
```

注意：任务的定义与调用必须在一个模块内。任务被调用时，需列出端口名列表，且必须与任务定义中的 I/O 变量一一对应。一个任务可以调用其他任务和函数。

② 函数（function）

函数的目的是通过返回一个用于某表达式的值，来响应输入信号，用于对不同变量采取同一运算的操作。函数在模块内部定义，通常在本模块中调用，也能够按模块层次分级命名的函数从其他模块调用。函数定义的一般格式如下：

```
function <返回值位宽或类型说明> 函数名;
    端口声明;
    局部变量定义;
    其他语句;
endfunction
```

函数调用的格式如下：

```
<函数名>(<表达式> <表达式>)
```

函数调用是将函数作为调用函数的表达式中的操作数来实现的。函数在综合时被理解成具有独立运算功能的电路，每调用一次函数，相当于改变此电路的输入，以得到相应的计算结果。

函数的定义不能包含任何时间控制语句——用延迟#、事件控制@或等待wait标识的语句。函数不能启动（即调用）任务。定义函数时至少要有一个输入参量，且不能有任何输出或输入/输出双向变量。在函数的定义中必须有一条赋值语句，给函数中的一个内部寄存器赋于函数的结果值，该内部寄存器与函数同名。

B.5　编译预处理语句

编译预处理语句是以符号"｀"开头，而不是"'"。

1．宏定义语句｀define

宏定义语句'define 的功能是指定一个标识符（即宏名）来代表一个字符串（即宏内容），

作用域是从宏定义开始到程序执行结束。宏定义语句的格式如下：

```
`define 标识符（宏名）字符串（宏内容）
```

2．文件包含语句`include

文件包含语句`include 是将另一个源文件的全部内容包含到本源文件中。MAX + PLUS II 和 Quartus II 都不支持该语句！通常用在测试文件中。文件包含语句格式如下：

```
`include "文件名"
```

为避免重复包含，可使用 ifdef-else-endif 语句。

3．时间尺度语句`timescale

时间尺度语句`timescale 用于定义跟在该命令后模块的时间单位和时间精度。MAX + PLUS II 和 Quartus II 都不支持！通常用在测试文件中。时间尺度语句格式如下：

```
`timescale <时间单位> / <时间精度>
```

说明：

（1）时间单位用于定义模块中仿真时间和延迟时间的基准单位。

（2）时间精度用来声明该模块的仿真时间和延迟时间的精确程度。

（3）在同一程序中，若有不同的时间单位模块，则采用最小的时间精度值决定仿真的时间单位。

（4）在`timescale 语句中，用来说明时间单位和时间精度参量值的数字必须是整数。时间精度要与时间单位一样精确，时间精度值不能大于时间单位值！单位为秒（s）、毫秒（ms）、微秒（us）、纳秒（ns）、皮秒（ps）、毫皮秒（fs）。

B.6 系统任务、函数和测试程序

1．系统任务和函数（用于程序的调试）

（1）$finish

$finish 用于退出仿真。

（2）$display、$write、$strobe、$monitor

$display、$write、$strobe、$monitor 用于输出参数信息，write 和 strobe（赋值完成后输出仿真结果）用于单次输出，monitor 用于在参数发生改变的时候就输出参数值。例如：

```
$strobe($time, "strobe:a=%d, b=%d", a, b);
$strobe(strobe:a=%d, b=%d", a, b);
$monitor("%g %b %b", $time, a, b);
```

（3）$fopen、$fclose

$fopen、$fclose 分别用于打开和关闭文件。如打开文件：

```
descipter(32 位)=$fopen("filename");
```

（4）$fwrite、$fdisplay、$fmonitor

$fwrite、$fdisplay、$fmonitor 用于向文件输出参数信息。例如：

```
$fdisplay(descipter, "signal1=%b, signal2=%h", signal1, signal2);
```

（5）$readmemb、$readmemh

$readmemb、$readmemh 用于从文件读取信息。$readmemb 读出的是二进制信息，$readmemh 读出的是十六进制信息。

（6）$random

$random 函数用于产生随机数。例如：

```
$random(seed);
```

（7）$signed 和$unsigned

$signed 函数用于转换成有符号数，$unsigned 函数用于转换成无符号数。

2．测试程序

测试程序与功能模块要构成一个封闭的循环，因此测试程序的输入端口需要与功能模块的输出端口相连，测试程序的输出端口需要与功能模块的输入端口相连。所以，在端口的定义上，测试程序需要与待测的功能模块相对应。

测试程序要包括产生测试激励部分，用于向功能模块提供测试激励。测试程序也要包括检查功能模块输出的部分，一般通过与预期的输出值进行比较。

附录 C
实 验 报 告 格 式

实 验 报 告

课程名称：_____ 实验名称：_____

班　　级：_____ 实验日期：_____

姓　　名：_____ 学　　号：_____

一、实验目的

请具体填写。

二、实验内容和要求

请具体填写。

三、实验设备和软件环境

请具体填写。

四、实验方案或原理

① 根据实验内容和要求，提出多种解决方案，画出逻辑结构图，进行比较，选择能够实

现且性价比高的解决方案。

② 根据选择的解决方案和实验内容及要求，分析该实验所需要的模块及每个模块的功能，画出模块之间的电路图，注明模块之间连接的端口名称、输入和输出等，并用文字或流程图表述其工作过程，以保证解决方案是可行的。

电路图是有向图，可以一层一层，一个一个模块地画，如图 C-1 所示，也可以用面向对象方法或结构化方法来画图。

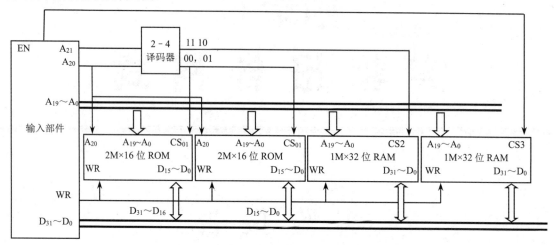

图 C-1

③ 对每个电路或模块进行功能设计描述，说明其端口名称、位数、输入和输出等，并用文字描述模块工作过程，不需要写代码。

④ 选择设计方法，如编程、画电路图，或两者结合。

⑤ 对用到的算法、编码等进行描述（非程序代码）。

五、代码设计及测试数据设计

① 模块代码设计。这里对公共信号先进行说明，再对整个模块代码所用到的符号列表说明其意义、位数、信号有效电位，然后逐一设计模块代码，并做简要说明。

② 测试数据设计。

六、实验操作步骤

① 创建一个工程，选定所用的器件或芯片。

② 模块代码编辑或添加、编译和改错。将所有的芯片电路、模块进行组合形成整体电路。

③ 设置模块或电路仿真信号，对每个电路或模块的每个功能进行仿真。

④ 进行综合、工具（布局布线），生成下载文件。

⑤ 下载及操作步骤。这里以每类操作来说明操作步骤，如双操作数操作，单操作数操作，存储器读操作，存储器写操作等。

例如，以图 C-1 的存储器写操作说明操作步骤如下。

➤ 送数据到地址总线 $A_{21} \sim A_0$。

- ➢ 送数据到数据总线 $D_{31} \sim D_0$。
- ➢ 向存储器发写命令 WR，将数据总线上的数据写入存储器中指定的存储单元。
- ⑥ 记录测试数据和实验结果。

七、实验结果验证及分析

根据算法或工作过程，对记录的测试数据和实验结果进行验证，若与预期结果不符，分析其可能产生的原因。

八、其他

记录实验过程中出现的问题及解决情况（如排除故障的方法等），或提出可研究与探索的问题与方法。

附录 D
引脚对应关系表

LS-CPU-EXB-002 万能接插口上可以连接不同的 FPGA 模块，所以会使用不同的 FPGA 芯片，表 D-1～表 D-15 列出了一些 FPGA 芯片与万能接插口引脚对应关系。

表 D-1　引脚对应关系（时钟与复位）

引脚名称	FPGA 接口编号	描　　述
FPGA_CLK_IN	AC19	频率为 100MHz，如果需要使用低于或高于 100MHz 的时钟，需要使用 Xilinx 的 pll ip 对其进行转换
FPGA_RSTn_in	Y3	复位使用的按键，自带防抖模块，松开为高电平，按下为低电平

表 D-2　引脚对应关系（双色 LED 灯）

引脚名称	FPGA 接口编号	描　　述
FPGA_LED0R	G7	{R, G}配合点亮双色 LED 灯（引脚的命名与实际置 1 点亮的位置是颠倒的）：{R=0, G=0}不亮，{R=0, G=1}亮红色，{R=1, G=0}亮绿色，{R=1, G=1}红绿色（与红色很像）
FPGA_LED0G	F8	同上
FPGA_LED1R	B5	同上
FPGA_LED1G	D6	同上

表 D-3　引脚对应关系（LED 灯）

引脚名称	FPGA 接口编号	引脚名称	FPGA 接口编号
FPGA_LED1	H7	FPGA_LED9	J8
FPGA_LED2	D5	FPGA_LED10	J23
FPGA_LED3	A3	FPGA_LED11	J26
FPGA_LED4	A5	FPGA_LED12	G9
FPGA_LED5	A4	FPGA_LED13	J19
FPGA_LED6	F7	FPGA_LED14	H23
FPGA_LED7	G8	FPGA_LED15	J21
FPGA_LED8	H8	FPGA_LED16	K23

说明：实验板放正，从上往下表示一排 LED 灯左起第一个，依次类推。

表 D-4 引脚对应关系（拨码开关，实验板放正，拨下为 1，拨上为 0）

引脚名称	FPGA 接口编号	引脚名称	FPGA 接口编号
FPGA_SW0	AC21	FPGA_SW4	AB6
FPGA_SW1	AD24	FPGA_SW5	W6
FPGA_SW2	AC22	FPGA_SW6	AA7
FPGA_SW3	AC23	FPGA_SW7	Y6

说明：实验板放正，从上往下表示一排拨码开关左起第一个，依次类推。

表 D-5 引脚对应关系（LCD 触摸屏，TFT-LCD 4.3 寸液晶触摸屏）

引脚名称	FPGA 接口编号	引脚名称	FPGA 接口编号
LCD1_RST#	J25	LCD1_DB8	M15
LCD1_CS#	H18	LCD1_DB10	M16
LCD1_RS	K16	LCD1_DB11	L14
LCD1_WR#	L8	LCD1_DB12	M14
LCD1_RD#	K8	LCD1_DB13	F22
LCD1_BL_CTR	J15	LCD1_DB14	G22
LCD1_DB1	H9	LCD1_DB15	G21
LCD1_DB2	K17	LCD1_DB16	H24
LCD1_DB3	J20	LCD1_DB17	J16
LCD1_DB4	M17	LCD1_T_PEN/INT	L19
LCD1_DB5	L17	LCD1_T_MOSI/SDA	J24
LCD1_DB6	L18	LCD1_T_CLK/SCL	H21
LCD1_DB7	L15	LCD1_T_CS/RST#	G24

表 D-6 引脚对应关系（单步调试按键，按下为 0，松开为 1）

引脚名称	FPGA 接口编号	描述
FPGA_KEY_STEP0	Y5	实验板放正，两个单步按钮开关（拨码开关右侧，矩阵键盘左侧）下方的按键
FPGA_KEY_STEP1	V6	实验板放正，两个单步按钮开关（拨码开关右侧，矩阵键盘左侧）上方的按键

表 D-7 引脚对应关系（4×4 键盘矩阵）

引脚名称	FPGA 接口编号	描述
FPGA_KEY_COL1	V8	实验板放正，矩阵键盘左起第一列
FPGA_KEY_COL2	V9	实验板放正，矩阵键盘左起第二列
FPGA_KEY_COL3	Y8	实验板放正，矩阵键盘左起第三列
FPGA_KEY_COL4	V7	实验板放正，矩阵键盘左起第四列
FPGA_KEY_ROW1	U7	实验板放正，矩阵键盘从上到下第一行
FPGA_KEY_ROW2	W8	实验板放正，矩阵键盘从上到下第二行
FPGA_KEY_ROW3	Y7	实验板放正，矩阵键盘从上到下第二行
FPGA_KEY_ROW4	AA8	实验板放正，矩阵键盘从上到下第二行

引脚名称	FPGA 接口编号	描　　述
FPGA_NUM_CSN0	D3	片选，实验板放正，选中左起第一个
FPGA_NUM_CSN1	D25	依次类推
FPGA_NUM_CSN2	D26	
FPGA_NUM_CSN3	E25	
FPGA_NUM_CSN4	E26	
FPGA_NUM_CSN5	G25	
FPGA_NUM_CSN6	G26	
FPGA_NUM_CSN7	H26	片选，实验板放正，选中左起第 8 个
FPGA_NUM0_A	A2	7 段数码管的 a 段
FPGA_NUM1_B	D4	7 段数码管的 b 段
FPGA_NUM2_C	E5	7 段数码管的 c 段
FPGA_NUM3_D	B4	7 段数码管的 d 段
FPGA_NUM4_E	B2	7 段数码管的 e 段
FPGA_NUM5_F	E6	7 段数码管的 f 段
FPGA_NUM6_G	C3	7 段数码管的 g 段
FPGA_NUM7_DP	C4	数码管的 DP 点

顶视图即从显示面往下看。

A-7 B-6 C-4
D-2 E-1 F-9
G-10 DP-5
3-8→公共脚

表 D-9　引脚对应关系（8x8 点阵）

引脚名称	FPGA 接口编号	引脚名称	FPGA 接口编号
FPGA_DOT_R1	F3	FPGA_DOT_C1	G6
FPGA_DOT_R2	F4	FPGA_DOT_C2	G5
FPGA_DOT_R3	C2	FPGA_DOT_C3	H6
FPGA_DOT_R4	F5	FPGA_DOT_C4	J4
FPGA_DOT_R5	H3	FPGA_DOT_C5	J6
FPGA_DOT_R6	B1	FPGA_DOT_C6	E3
FPGA_DOT_R7	G4	FPGA_DOT_C7	C1
FPGA_DOT_R8	J5	FPGA_DOT_C8	H4

表 D-10　引脚对应关系（以太网 PHY-型号 DM9161AEP）

引脚名称	FPGA 接口编号	引脚名称	FPGA 接口编号
FPGA_PHY_TX_CLK	AB21	FPGA_PHY_RXD1	V4
FPGA_PHY_RX_CLK	AA19	FPGA_PHY_RXD2	V2
FPGA_PHY_TXEN	AA15	FPGA_PHY_RXD3	V3
FPGA_PHY_TXD0	AF18	FPGA_PHY_RXER	W16
FPGA_PHY_TXD1	AE18	FPGA_PHY_COL	Y15
FPGA_PHY_TXD2	W15	FPGA_PHY_CRS	AF20
FPGA_PHY_TXD3	W14	FPGA_PHY_MDC	W3
FPGA_PHY_TXER	AB20	FPGA_PHY_MDIO	W1
FPGA_PHY_RXDV	AE22	FPGA_PHY_RESETn	AE26
FPGA_PHY_RXD0	V1	—	

表 D-11 引脚对应关系（串口 PHY，一般只使用串口简单的通信功能，使用 TX 和 RX 即可）

引脚名称	FPGA 接口编号	引脚名称	FPGA 接口编号
FPGA_UART_TXD	H19	FPGA_UART_RXD	F23

表 D-12 引脚对应关系（DDR3 颗粒）

引脚名称	FPGA 接口编号	引脚名称	FPGA 接口编号
NB_SP_A0	E18	NB_SP_DQ2	D19
NB_SP_A1	H14	NB_SP_DQ3	A22
NB_SP_A2	H15	NB_SP_DQ4	D20
NB_SP_A3	G17	NB_SP_DQ5	B21
NB_SP_A4	F17	NB_SP_DQ6	C19
NB_SP_A5	F18	NB_SP_DQ7	B22
NB_SP_A6	F19	NB_SP_DQ8	C22
NB_SP_A7	G15	NB_SP_DQ9	B24
NB_SP_A8	F15	NB_SP_DQ10	C23
NB_SP_A9	G19	NB_SP_DQ11	B26
NB_SP_A10	F20	NB_SP_DQ12	A25
NB_SP_A11	H16	NB_SP_DQ13	C26
NB_SP_A12	G16	NB_SP_DQ14	C24
NB_SP_BA0	C17	NB_SP_DQ15	B25
NB_SP_BA1	B17	NP_SP_DQSP0	B20
NB_SP_BA2	E16	NP_SP_DQSN0	A20
NB_SP_CAS#	A18	NP_SP_ODT	E17
NB_SP_CLKP	D18	NP_SP_RAS#	A17
NB_SP_CLKN	C18	NP_SP_DQM1	D23
NB_SP_CKE	D16	NP_SP_DQSP1	A23
NB_SP_DQM0	E21	NP_SP_DQSN1	A24
NB_SP_DQ0	E20	NP_SP_WE#	B19
NB_SP_DQ1	C21	DDR3_RST#	A19

表 D-13 引脚对应关系（NAND flash，共 64*1024 页，每页 2KB，容量 128MB，型号 K9F1G08U0C-PCB0）

引脚名称	FPGA 接口编号	引脚名称	FPGA 接口编号
FPGA_NAND_CLE	V19	FPGA_NAND_D6	Y20
FPGA_NAND_ALE	W20	FPGA_NAND_D5	Y21
FPGA_NAND_RDY	AA25	FPGA_NAND_D4	V18
FPGA_NAND_RD	AA24	FPGA_NAND_D3	U19
FPGA_NAND_CE	AB24	FPGA_NAND_D2	U20
FPGA_NAND_WR	AA22	FPGA_NAND_D1	W21
FPGA_NAND_D7	W19	FPGA_NAND_D0	AC24

表 D-14 引脚对应关系（可插拔 SPI Flash）

引脚名称	FPGA 接口编号	引脚名称	FPGA 接口编号
FPGA_SPI_CS	R20	FPGA_SPI_SDI	P19
FPGA_SPI_SCK	P20	FPGA_SPI_SDO	N18

表 D-15　引脚对应关系（EJTAG）

引脚名称	FPGA 接口编号	引脚名称	FPGA 接口编号
FPGA_CPU_EJTAG_TCK	K18	FPGA_CPU_EJTAG_TDI	K20
FPGA_CPU_EJTAG_TMS	K22	FPGA_CPU_EJTAG_TRST	J18
FPGA_CPU_EJTAG_TDO	K21	—	

附录 E
MIPS 指令

1. 多周期 CPU 实现的 20 条 MIPS 整数指令

（1）有符号数加法

ADD   rd, rs, rt   R 型

31 26	25 21	20 16	15 11	10 6	5 0
000000	rs	rt	rd	00000	100000
6	5	5	5	5	6

`GPR[rd] ← GPR[rs] + GPR[rt]`

指令的功能:寄存器 rs 中的数据和寄存器 rt 中的数据相加，结果存放在寄存器 rd 中。把 PC＋4 写入 PC

（2）有符号数减法

SUB   rd, rs, rt   R 型

31 26	25 21	20 16	15 11	10 6	5 0
000000	rs	rt	rd	00000	100010
6	5	5	5	5	6

`GPR[rd] ← GPR[rs] - GPR[rt]`

指令的功能:寄存器 rs 中的数据减去寄存器 rt 中的数据，结果存放在寄存器 rd 中。把 PC＋4 写入 PC

（3）按位与

AND   rd, rs, rt   R 型

31 26	25 21	20 16	15 11	10 6	5 0
000000	rs	rt	rd	00000	100100
6	5	5	5	5	6

`GPR[rd] ← GPR[rs] & GPR[rt]`

指令的功能:寄存器 rs 中的数据和寄存器 rt 中的数据相与，结果存放在寄存器 rd 中。把

PC + 4 写入 PC

（4）按位或

OR   rd, rs, rt   R 型

31	26 25	21 20	16 15	11 10	6 5	0
000000	rs	rt	rd	00000	100101	
6	5	5	5	5	6	

GPR[rd] ← GPR[rs] | GPR[rt]

指令的功能:寄存器 rs 中的数据和寄存器 rt 中的数据相或，结果存放在寄存器 rd 中。把 PC + 4 写入 PC

（5）按位异或

XOR   rd, rs, rt   R 型

31	26 25	21 20	16 15	11 10	6 5	0
000000	rs	rt	rd	00000	100110	
6	5	5	5	5	6	

GPR[rd] ← GPR[rs] ^ GPR[rt]

指令的功能:寄存器 rs 中的数据和寄存器 rt 中的数据相异或，结果存放在寄存器 rd 中。把 PC + 4 写入 PC

（6）逻辑左移

SLL   rd, rt, shf   R 型

31	26 25	21 20	16 15	11 10	6 5	0
000000	00000	rt	rd	shf	000000	
6	5	5	5	5	6	

GPR[rd] ← zero(GPR[rt]) << shf

指令的功能:寄存器 rt 中的数据逻辑左移 shf 位，结果存放在寄存器 rd 中。把 PC + 4 写入 PC

（7）逻辑右移

SRL   rd, rt, shf   R 型

31	26 25	21 20	16 15	11 10	6 5	0
000000	00000	rt	rd	shf	000010	
6	5	5	5	5	6	

GPR[rd] ← zero(GPR[rt]) >> shf

指令的功能:寄存器 rt 中的数据逻辑右移 shf 位，结果存放在寄存器 rd 中。把 PC + 4 写入 PC

（8）算术右移

SRA   rd, rt, shf   R 型

31	26 25	21 20	16 15	11 10	6 5	0
000000	00000	rt	rd	shf	000011	
6	5	5	5	5	6	

```
GPR[rd] ← sign(GPR[rt]) >> shf
```

指令的功能:寄存器 rt 中的数据算术右移 shf 位,结果存放在寄存器 rd 中。把 PC＋4 写入 PC

（9）跳转寄存器

JR rs   R 型

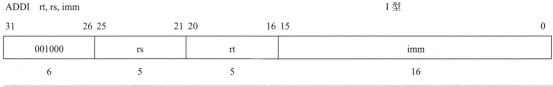

```
PC ← GPR[rs]
```

指令的功能：把寄存器 rs 中的数据写入 PC 中。

（10）立即数、有符号加法

ADDI rt, rs, imm   I 型

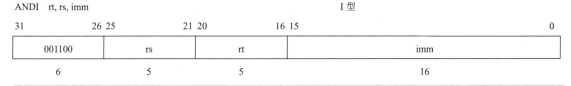

```
GPR[rt] ← GPR[rs] + sign_ext(imm)
```

指令的功能：寄存器 rs 中的数据和有符号立即数 imm 相加,结果存放在寄存器 rt 中。把 PC＋4 写入 PC

（11）立即数按位与

ANDI rt, rs, imm   I 型

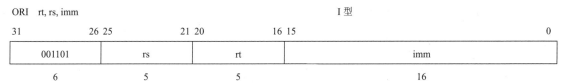

```
GPR[rt] ← GPR[rs] & zero_ext(imm)
```

指令的功能：寄存器 rs 中的数据和无符号立即数 imm 相与,结果存放在寄存器 rt 中。把 PC＋4 写入 PC

（12）立即数按位或

ORI rt, rs, imm   I 型

31	26 25	21 20	16 15	0
001101	rs	rt	imm	
6	5	5	16	

r 指令的功能：寄存器 rs 中的数据和无符号立即数 imm 相或,结果存放在寄存器 rt 中。把 PC＋4 写入 PC

（13）立即数按位异或

XORI rt, rs, imm   I 型

31	26 25	21 20	16 15	0
001110	rs	rt	imm	
6	5	5	16	

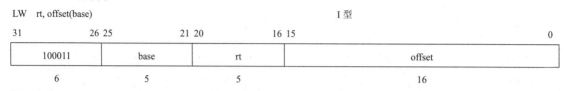
```
GPR[rt] ← GPR[rs] ^ zero_ext(imm)
```

指令的功能：寄存器 rs 中的数据和无符号立即数 imm 相异或，结果存放在寄存器 rt 中。把 PC + 4 写入 PC

（14）装载字

LW   rt, offset(base)   I 型

31 26	25 21	20 16	15 0
100011	base	rt	offset
6	5	5	16

```
GPR[rt] ← Mem[GPR[base] + sign_ext(offset)]
```

指令的功能：寄存器 base 中的数据和偏移量 offset 相加，得到存储器地址，用这个地址访问存储器，把得到的存储器数据写入寄存器 rt 中。把 PC + 4 写入 PC

（15）存储字

SW   rt, offset(base)   I 型

31 26	25 21	20 16	15 0
101011	base	rt	offset
6	5	5	16

```
Mem[GPR[base] + sign_ext(offset)] ← GPR[rt]
```

指令的功能：寄存器 base 中的数据和偏移量 offset 相加，得到存储器地址，把寄存器 rt 中的数据写入这个地址的存储器中。把 PC + 4 写入 PC

（16）相等跳转

BEQ   rs, rt, offset   I 型

31 26	25 21	20 16	15 0
000100	rs	rt	offset
6	5	5	16

```
if GPR[rs] = GPR[rt]  then PC ← B_PC + sign_ext(offset) << 2
```

指令的功能：如果寄存器 rs 中的数据和寄存器 rt 中的数据相等，转移到地址 PC + 4 + sign_ext(offset) × 4；否则，顺序执行，把 PC + 4 写入 PC。

B_PC：分支跳转参与运算的 PC，在不考虑延迟槽时，为分支跳转指令的 PC，考虑延迟槽时，为延迟槽指令的 PC，即分支跳转指令的 PC+4。

（17）不等跳转

BNE   rs, rt, offset   I 型

31 26	25 21	20 16	15 0
000101	rs	rt	offset
6	5	5	16

```
if GPR[rs] ≠ GPR[rt]  then PC ← B_PC + sign_ext(offset) << 2
```

指令的功能：如果寄存器 rs 中的数据和寄存器 rt 中的数据不相等，转移到地址 PC + 4 + sign_ext(offset) × 4；否则，顺序执行，把 PC + 4 写入 PC。

B_PC：分支跳转参与运算的 PC，在不考虑延迟槽时，为分支跳转指令的 PC，考虑延迟槽时，为延迟槽指令的 PC，即分支跳转指令的 PC+4。

（18）立即数装载高位

LUI   rt, imm   I 型

31 26	25 21	20 16	15 0
001111	00000	rt	imm
6	5	5	16

GPR[rt] ← {imm,16'd0}

指令的功能：把立即数 imm 左移 16 位，结果存放在寄存器 rt 中。把 PC＋4 写入 PC

（19）直接跳转

J target   J 型

31 26	25 0
000010	target
6	26

PC ← {B_PC[31:28], target << 2}

指令的功能：跳转。目标地址是：把 26 位的立即数 target 左移 2 位，再与 PC＋4 的高 4 位拼接

B_PC：分支跳转参与运算的 PC，在不考虑延迟槽时为分支跳转指令的 PC，考虑延迟槽时为延迟槽指令的 PC，即分支跳转指令的 PC+4。

（20）跳转和链接

JAL target   J 型

31 26	25 0
000011	target
6	26

GPR[31] ← B_PC + 4, PC←{B_PC[31:28], target << 2}

指令的功能：调用（跳转并保存返回地址）。目标地址是：把 26 位的立即数 target 左移 2 位，再与 PC＋4 的高 4 位拼接。返回地址保存在寄存器 31 中。

B_PC：分支跳转参与运算的 PC，在不考虑延迟槽时，为分支跳转指令的 PC，考虑延迟槽时，为延迟槽指令的 PC，即分支跳转指令的 PC+4。

2．实现追加指令

（1）无符号加法

ADDU   rd, rs, rt   R 型

31 26	25 21	20 16	15 11	10 6	5 0
000000	rs	rt	rd	00000	100001
6	5	5	5	5	6

GPR[rd] ← GPR[rs] + GPR[rt]

（2）无符号减法

SUBU　rd, rs, rt　　　　　　　　　　　　　　　　　　　　　　R 型

31	26	25	21	20	16	15	11	10	6	5	0
000000		rs		rt		rd		00000		100011	
6		5		5		5		5		6	

> GPR[rd] ← GPR[rs] - GPR[rt]

（3）有符号比较，小于置位

SLT　rd, rs, rt　　　　　　　　　　　　　　　　　　　　　　R 型

31	26	25	21	20	16	15	11	10	6	5	0
000000		rs		rt		rd		00000		101010	
6		5		5		5		5		6	

> GPR[rd] ← (sign(GPR[rs]) < sign(GPR[rt]))

（4）按位或非

NOR　rd, rs, rt　　　　　　　　　　　　　　　　　　　　　　R 型

31	26	25	21	20	16	15	11	10	6	5	0
000000		rs		rt		rd		00000		100111	
6		5		5		5		5		6	

> GPR[rd] ← ~(GPR[rs] | GPR[rt])

（5）无符号小于置位

SLTU　rd, rs, rt　　　　　　　　　　　　　　　　　　　　　　R 型

31	26	25	21	20	16	15	11	10	6	5	0
000000		rs		rt		rd		00000		101011	
6		5		5		5		5		6	

> GPR[rd] ← (zero(GPR[rs]) < zero(GPR[rt]))

（6）跳转寄存器并链接

JALR　rs　　　　　　　　　　　　　　　　　　　　　　　　R 型

31	26	25	21	20	16	15	11	10	6	5	0
000000		rs		00000		11111		00000		001001	
6		5		5		5		5		6	

> GPR[31] ← B_PC + 4, PC ← GPR[rs]

　　B_PC：分支跳转参与运算的 PC，在不考虑延迟槽时，为分支跳转指令的 PC，考虑延迟槽时，为延迟槽指令的 PC，即分支跳转指令的 PC+4。

（7）变量逻辑左移

SLLV　rd, rt, rs　　　　　　　　　　　　　　　　　　　　　R 型

31	26	25	21	20	16	15	11	10	6	5	0
000000		rs		rt		rd		00000		000100	
6		5		5		5		5		6	

> GPR[rd] ← zero(GPR[rt]) << GPR[rs]

（8）变量算术右移

SRAV   rd, rt, rs   R 型

31	26 25	21 20	16 15	11 10	6 5	0
000000	rs	rt	rd	00000	000111
6	5	5	5	5	6

GPR[rd] ← sign(GPR[rt]) >> GPR[rs]

（9）变量逻辑右移

SRLV   rd, rt, rs   R 型

31	26 25	21 20	16 15	11 10	6 5	0
000000	rs	rt	rd	00000	000110
6	5	5	5	5	6

GPR[rd] ← zero(GPR[rt]) >> GPR[rs]

（10）立即数有符号比较，小于置位

SLTI   rt, rs, imm   I 型

31	26 25	21 20	16 15	0
001010	rs	rt	imm
6	5	5	16

GPR[rt] ← (sign(GPR[rs]) < sign_ext(imm))

（11）立即数无符号比较，小于置位

SLTIU   rt, rs, imm   I 型

31	26 25	21 20	16 15	0
001011	rs	rt	imm
6	5	5	16

GPR[rt] ← (zero(GPR[rs]) < sign_ext(imm))

（12）大于或等于零跳转

BGEZ   rs, offset   I 型

31	26 25	21 20	16 15	0
000001	rs	00001	offset
6	5	5	16

if GPR[rs]≥0 then PC ← B_PC + sign_ext(offset) << 2

B_PC：分支跳转参与运算的 PC，在不考虑延迟槽时，为分支跳转指令的 PC，考虑延迟槽时，为延迟槽指令的 PC，即分支跳转指令的 PC+4。

（13）大于零跳转

BGTZ   rs, offset   I 型

31	26 25	21 20	16 15	0
000111	rs	00000	offset
6	5	5	16

if GPR[rs] > 0 then PC ← B_PC + sign_ext(offset) << 2

B_PC：分支跳转参与运算的 PC，在不考虑延迟槽时，为分支跳转指令的 PC，考虑延迟槽时，为延迟槽指令的 PC，即分支跳转指令的 PC+4。

（14）小于或等于零跳转

BLEZ   rs, offset   I 型

31	26	25	21	20	16	15	0
000110		rs		00000		offset	
6		5		5		16	

if GPR[rs] ≤ 0 then PC ← B_PC + sign_ext(offset) << 2

B_PC：分支跳转参与运算的 PC，在不考虑延迟槽时，为分支跳转指令的 PC，考虑延迟槽时，为延迟槽指令的 PC，即分支跳转指令的 PC+4。

（15）小于零跳转

BLTZ   rs, offset   I 型

31	26	25	21	20	16	15	0
000001		rs		00000		offset	
6		5		5		16	

if GPR[rs] < 0 then PC ← B_PC + sign_ext(offset) << 2

B_PC：分支跳转参与运算的 PC，在不考虑延迟槽时，为分支跳转指令的 PC，考虑延迟槽时，为延迟槽指令的 PC，即分支跳转指令的 PC+4。

（16）装载字节，并作符号扩展

LB   rt, offset(base)   I 型

31	26	25	21	20	16	15	0
100000		base		rt		offset	
6		5		5		16	

GPR[rt] ← sign(Mem[GPR[base] + sign_ext(offset)])

（17）装载字节，并作无符号扩展

LBU   rt, offset(base)   I 型

31	26	25	21	20	16	15	0
100100		base		rt		offset	
6		5		5		16	

GPR[rt] ← zero(Mem[GPR[base] + sign_ext(offset)])

（18）存储字节

SB   rt, offset(base)   I 型

31	26	25	21	20	16	15	0
101000		base		rt		offset	
6		5		5		16	

Mem[GPR[base] + sign_ext(offset)] ← GPR[rt]

（19）有符号字乘法

MULT rs, rt　　　　　　　　　　　　　　　　　　　　　　　　　R 型

31	26	25	21	20	16	15	11	10	6	5	0
000000		rs		rt		00 0000 0000		011000		000000	
6		5		5		5		5		6	

```
(HI, LO) ← sign(GPR[rs]) * sign(GPR[rt])
```

（20）从 LO 寄存器取值

MFLO rd　　　　　　　　　　　　　　　　　　　　　　　　　　R 型

31	26	25	21	20	16	15	11	10	6	5	0
000000		00 0000 0000		rd		00000		010010		000000	
6		5		5		5		5		6	

```
GPR[rd] ← [LO]
```

（21）从 HI 寄存器取值

MFHI rd　　　　　　　　　　　　　　　　　　　　　　　　　　R 型

31	26	25	21	20	16	15	11	10	6	5	0
000000		00 0000 0000		rd		00000		010000		000000	
6		5		5		5		5		6	

```
GPR[rd] ← [HI]
```

（22）向 LO 寄存器存值

MTLO rs　　　　　　　　　　　　　　　　　　　　　　　　　　R 型

31	26	25	21	20	6	5	0
000000		rs		000 0000 0000 0000		010011	
6		5		15		6	

```
[LO] ← GPR[rs]
```

（23）向 HI 寄存器存值

MTHI rs　　　　　　　　　　　　　　　　　　　　　　　　　　R 型

31	26	25	21	20	6	5	0
000000		rs		000 0000 0000 0000		010001	
6		5		15		6	

```
[HI] ← GPR[rs]
```

（24）从协处理器 0 寄存器取值

MFC0 rt, cs.sel　　　　　　　　　　　　　　　　　　　　　　R 型

31	26	25	21	20	16	15	11	10	6	5	0
010000		00000		rt		cs		00000000		sel	
6		5		5		5		5		6	

```
GPR[rt] ← CPR[cs.sel]
```

（25）向协处理器 0 寄存器存值

MTC0　rt, cd.sel　　　　　　　　　　　　　　　　　　　　　　　　　　R 型

31　　　　　　26	25　　　　　21	20　　　　16	15　　　　11	10　　　　　3	2　　　0
010000	00100	rt	cd	00000000	sel
6	5	5	5	8	3

```
CPR[cd.sel] ← GPR[rt]
```

（26）系统调用

SYSCALL

31　　　　　　26	25　　　　　　　　　　　　　　　　　6	5　　　　　0
000000	code	001100
6	20	6

```
CPR[14.0] ← PC, CPR[13.0][6:2] ← 01000, CPR[12.0][1] ← 1, PC ←EXC_ENTER_ADDR
```

EXC_ENTER_ADDR 为例外入口地址，原本应为 CPR[15.1] + 0x180，但在课程设计中为方便编写测试程序，将 EXC_ENTER_ADDR 设置为 0。

（27）异常返回

ERET

31　　　　　26	25	24　　　　　　　　　　　　　　6	5　　　　　0
010000	1	000 0000 0000 0000 0000	011000
6	1	19	6

```
CPR[12.0][1] ← 0, PC ← CPR[14.0]
```

参考文献

[1] 王毅. 计算机硬件实践教程. 湘潭：湘潭大学出版社，2015.

[2] 胡伟武等. 计算机体系结构基础. 北京：机械工业出版社，2017.

[3] 汪文祥，邢金璋. CPU 设计实战. 北京：机械工业出版社，2021.

[4] 潘松，陈龙，黄继业. 实用数字电子技术基础. 北京：电子工业出版社，2011.

[5] 阎石. 数字电子技术基础（第 6 版）. 北京：高等教育出版社，2016.

[6] 饶增仁，安红心，汤书森，赵洁. 数字电路实验教程. 北京：清华大学出版社，2013.

[7] 龙芯中科技术有限公司. http://www.loongson.cn/business/general2/gaodengjiaoyu/jiaoxue shiyan/202012/1595.html.

[8] 郑纬民，汤志忠. 计算机体系结构基础（第 2 版）. 北京：清华大学出版社，2015.

[9] 李学干. 计算机系统结构（第三版）. 西安：西安电子科技大学出版社，2011.

[10] Kai Hwang. 高等计算机系统结构（并行性 可扩展性 可编程性）. 王鼎兴等译. 北京：清华大学出版社，1995.

[11] Patterson D A, Hennessy J L. Computer Architecture：A Quantitative Approach 2Ed. San Francisco：Morgan Kaufmann Publishers, 1995.

[12] 李亚民. 计算机原理与设计——Verilog HDL 版. 北京：清华大学出版社，2011.

[13] 康磊. 计算机组成原理——基于 MIPS 结构. 西安：西安电子科技大学出版社，2019.

[14] 潘松，潘明. 现代计算机组成原理. 北京：科学出版社，2007.

[15] 白中英. 计算机组成原理（第 5 版）. 北京：科学出版社，2013.

[16] "龙芯杯"全国大学生计算机系统能力培养大赛. http://cpu.csc-he.com/index.html.

[17] Linda Null，Julia Lobur. 计算机组成与体系结构（原书第 4 版）. 张钢等译. 北京：机械工业出版社，2020.

[18] 谭志虎. 计算机组成原理. 北京：人民邮电出版社，2021.

[19] David Money Harris，Sarah L.Harris. 数字设计与计算机体系结构（原书第 2 版）. 陈俊颖译. 北京：机械工业出版社，2019.

[20] David A. Patterson，John L.Hennessy. 计算机组成与设计（原书第 5 版）. 王党辉等译. 北京：机械工业出版社，2015.

反侵权盗版声明

电子工业出版社依法对本作品享有专有出版权。任何未经权利人书面许可，复制、销售或通过信息网络传播本作品的行为；歪曲、篡改、剽窃本作品的行为，均违反《中华人民共和国著作权法》，其行为人应承担相应的民事责任和行政责任，构成犯罪的，将被依法追究刑事责任。

为了维护市场秩序，保护权利人的合法权益，我社将依法查处和打击侵权盗版的单位和个人。欢迎社会各界人士积极举报侵权盗版行为，本社将奖励举报有功人员，并保证举报人的信息不被泄露。

举报电话：（010）88254396；（010）88258888

传　　真：（010）88254397

E-mail:　　dbqq@phei.com.cn

通信地址：北京市万寿路 173 信箱

　　　　　电子工业出版社总编办公室

邮　　编：100036